城市轨道交通全自动运行线路运营指南

主 编 饶 咏 徐安雄
副主编 曾东亮 黄 嘉 何 方 刘江林

西南交通大学出版社
·成 都·

图书在版编目（ＣＩＰ）数据

城市轨道交通全自动运行线路运营指南 / 饶咏，徐安雄主编．—成都：西南交通大学出版社，2022.10
ISBN 978-7-5643-8982-6

Ⅰ.①城… Ⅱ.①饶… ②徐… Ⅲ.①城市铁路－轨道交通－自动驾驶系统－运营管理－指南 Ⅳ.①U239.5-62

中国版本图书馆 CIP 数据核字（2022）第 202040 号

Chengshi Guidao Jiaotong Quanzidong Yunxing Xianlu Yunying Zhinan
城市轨道交通全自动运行线路运营指南
主编 饶 咏 徐安雄

责任编辑	周 杨
封面设计	GT 工作室
出版发行	西南交通大学出版社 （四川省成都市金牛区二环路北一段 111 号 西南交通大学创新大厦 21 楼）
发行部电话	028-87600564　028-87600533
邮政编码	610031
网　　址	http://www.xnjdcbs.com
印　　刷	成都中永印务有限责任公司
成品尺寸	170 mm × 230 mm
印　　张	16.5
字　　数	232 千
版　　次	2022 年 10 月第 1 版
印　　次	2022 年 10 月第 1 次
书　　号	ISBN 978-7-5643-8982-6
定　　价	90.00 元

课件咨询电话：028-81435775
图书如有印装质量问题　本社负责退换
版权所有　盗版必究　举报电话：028-87600562

《城市轨道交通全自动运行线路运营指南》
编写组成员

主　　编　饶　咏　　徐安雄

副 主 编　曾东亮　　黄　嘉　　何　方　　刘江林

参编人员　刘映池　　兰平健　　徐　磊　　杨　磊
　　　　　高　雅　　海增辉　　黄剑锋　　王　勇
　　　　　苏志恒　　谢　柯　　黄琪鑫　　钟　庆
　　　　　谢家宇　　黄仪方　　刘　菁　　岳宏睿

PREFACE 前 言

我国城市轨道交通在过去10年发展迅速,运营和在建规模均位于世界前列。近年来,采用全自动运行系统的地铁线路陆续走进城市轨道交通舞台中央。根据交通运输部数据显示,截至2021年12月31日,中国城市轨道交通全自动运行系统已开通线路共26条,总里程达635.57公里,在建线路共24条,总里程达750.56公里。由此可见,全自动运行线路已然是城市轨道交通的未来发展趋势和重要组成部分。

全自动运行线路以系统自动化、信息化、智能化、智慧化等作为系统实现的关键目标,为实现这些目标需要各专业之间进行协调配合,各系统间进行交互联动、多系统深度融合,并且需要同步制定相应的运维规范,使系统整体的功能、性能符合全自动运行线路的运营要求,使系统资源达到充分共享,实现集中、高效、便捷的管理。

从我国全自动运行线路开通情况来看,全自动系统技术及运维管理仍然处于起步阶段,自2008年7月19日北京开通机场快轨线起,2010年广州开通了第一条广州APM(Automated People Mover System)自动导向轨道系统线路,同年上海地铁10号线一期开通,该线路是按照全自动运行标准设计的线路,在硬件和软件上具备无人驾驶的条件,开通初期从安全的角度考虑,仍采用有人驾驶的模式。2015年北京燕房线迎来了第一条我国全国产化全自动无人驾驶线路,2016年开通运营的香港南港岛线是中国第一个真正意义上的GoA4(Grades of Automation4)等级(即最高等级)全自动无人驾驶地铁车辆,2018年上海开通我国第6条无人驾驶线路APM浦江轨交线后,2019年9月北京大兴国际机场线接踵开通运营,身处"天府之国"的成都轨道交通也于2020年12月开通了我国西部第一条全自动运行地铁——成都9号线。整体来看,国内大部分城市全自动运行线路开通运营的线路不多,开通的时间不长,但全自动运行线路的系统与常规线路相比有诸多的不同,运营管理单位的运营模式也存在诸多改变,因此,总结全自动运行线路运维经验,提出适合系统特点的规范性管理要求是十分有必要的。

运营场景作为全自动运行线路的顶层设计文件之一,是全自动运行系统的纲领性文件,指导着运营管理单位的规章设置、系统验证及组织架构设计。以场景为依托匹配功能完善的系统设计,职责明确的管理架构,考虑全面的规章体系以及验证充分的系统调试是全自动运行线路运营管理的开端。安全应急管理、行车管理、维保管理及客运服务管理作为城市轨道交通运营生产管理的主要内容,承担着乘客进站乘车、列车运行以及保障设备运行等方方面面的工作,是全自动运行线路运营管理的终极课题。

本书是结合了国内全自动运行线路运维管理经验,并对成都轨道交通在全自动运行管理上的研究成果及实践经验上加以提炼,对全自动运行线路场景设计、运营生产组织、设备设施管理、运营人员培养等提出针对性的管理要求,希望对后续各城市全自动运行线路的运营管理具有一定的借鉴意义,由于专业水平和实践经验有限,本书中存在的不完备、不准确之处,敬请读者批评指正。

编写组
2022年10月

CONTENTS 目 录

第一章 总 则 ·········· 001
    第一节 术语与缩略语 ·········· 001
    第二节 全自动运行线路概述 ·········· 004
    第三节 全自动运行线路总体要求 ·········· 008
    第四节 本书主要内容 ·········· 016

第二章 全自动运营场景 ·········· 017
    第一节 运营场景编制原则 ·········· 017
    第二节 运营验证 ·········· 027
    第三节 场景动态管理机制 ·········· 032
    第四节 本章小结 ·········· 035

第三章 全自动运行线路岗位设置及人员培养 ·········· 036
    第一节 全自动运行线路的岗位设置特点 ·········· 036
    第二节 复合岗位设置建议 ·········· 038
    第三节 行车关键专业人员培养要点 ·········· 051
    第四节 本章小结 ·········· 073

第四章　全自动运行线路调试 ········· 074

第一节　核心系统调试 ········· 074
第二节　多方接口调试 ········· 092
第三节　系统联调 ········· 114
第四节　本章小结 ········· 128

第五章　全自动运行线路规章制度建设 ········· 130

第一节　规章制度编制要求 ········· 130
第二节　规章制度体系构成 ········· 131
第三节　差异化规章制度 ········· 136
第四节　本章小结 ········· 138

第六章　全自动运行线路安全与应急管理 ········· 139

第一节　安全风险辨识 ········· 139
第二节　应急管理体系建设 ········· 164
第三节　应急预案设置 ········· 168
第四节　本章小结 ········· 172
第一节　总体要求 ········· 173

第七章　全自动运行线路行车管理 ········· 173

第二节　正线行车组织 ········· 177
第三节　场段行车组织 ········· 182
第四节　本章小结 ········· 188

第八章　全自动运行线路设备维保管理 …… 189
第一节　设备维护管理 …… 189
第二节　维保组织管理 …… 202
第三节　车辆基地管理 …… 212
第四节　本章小结 …… 215

第九章　全自动运行线路客运服务管理 …… 216
第一节　差异化乘客服务要求 …… 216
第二节　差异化导向设置 …… 220
第三节　换乘站管理 …… 227
第四节　本章小结 …… 233

附　录
附录1 …… 235
附录2 …… 239

参考文献 …… 244

第一章 总则

第一节 术语与缩略语

一、术语

1. 全自动运行系统 Fully Automatic Operation

运行在有人值守的全自动运行（DTO）或无人值守（UTO）下的全自动运行下的城市轨道交通系统。

2. 无人值守的全自动运行 Unattended Train Operation

列车在不配置车上值守人员的条件（所有功能均由系统负责实现）下的运行。

3. 有人值守的全自动运行 Driverless Train Operation

列车在配置车上值守人员的条件（正常运行所有功能均由系统负责实现）下的运行，车上值守人员仅在故障和应急情况下介入列车运行。

4. 站台开门/关门按钮 Open/Close Button on Platform

设置于站台上，实现车门与站台门联动打开/关闭的按钮，可用于车门与站台门再开门/关门等。

5. 清客确认按钮 Passengers Clearance Confirmed Button

设置于站台上，实现列车乘客清客确认功能。

6. 人员防护开关 Staff Protection Key Switch

设置于室内或轨旁，为运营及维护人员进入自动化区域提供安全防护。人员防护开关激活后，全自动运行系统为其建立安全防护分区，分区内的列车立即停车或保持静止状态不发生移动，分区外的列车不允许进入分区内。经由安全防护分区的所有列车及调车进路始端信号机不允许开放，已开放的信号应立即关闭。经由安全防护分区的保护区段状态设置为"未锁闭"。

7. 车门对位隔离站台门 Door Fault Isolate PED

车门故障被隔离后，列车运行至站台后自动隔离对应的站台门，站台门对位隔离后不执行开门动作。

8. 站台门对位隔离车门 PED Fault Isolate Door

站台门故障被隔离后，列车运行至站台后自动隔离对应的车门，车门对位隔离后不执行开门动作。

9. 休眠 Sleep

针对停放于停车列检库、正线停车线或终端折返线指定区域的列车，对除休眠唤醒单元及车地通信设备外的整列车设备进行断电的一种作业。

10. 唤醒 Awake

对休眠列车上电并完成上电自检、静态测试、动态测试（若有）等的一种作业。

二、缩略语

序号	缩写	英文	含义
1	ACS	Access Control System	门禁系统
2	AFC	Automatic Fare Collection	自动售检票系统
3	ATS	Automatic Train Supervision	列车自动监控系统
4	CAM	Creep Automatic Model	蠕动模式

续表

序号	缩写	英　文	含　义
5	EB	Emergency Braking	紧急制动
6	FAM	Fully-Automatic Train Operating Mode	全自动运行模式
7	FAS	Fire Alarm System	火灾自动报警系统
8	GoA	Grade of Automation	自动化等级
9	IBP	Integrated Backup Panel	综合后备盘
10	OCC	Operating Control Center	控制中心
11	PA	Public Address	广播系统
12	PCC	Passenger Information Broadcast Control Center	线网编播中心
13	PIS	Passenger Information System	乘客信息系统
14	RAMS	Reliability Availability Maintainability Safety	可靠性、可用性、可维护性、安全性
15	RM	Restricted Manual Driving Mode	限制人工驾驶模式
16	TCMS	Train Control Information System	列车控制及监控系统
17	TIAS	Train Integration Automatic System	行车综合自动化系统
18	UTO	Unattended Train Operation	无人值守全自动运行
19	CCTV	Closed Circuit Television	视频监视系统
20	DCC	Depot Control Center	车辆段控制中心

第二节 全自动运行线路概述

一、定 义

关于全自动运行线路及其列车运行方式的定义，国内外相关标准均有所表述，根据国际电工协会标准《城市轨道交通管理与控制系统》（IEC62290-2），列车运行控制系统可以划分为5个等级，又称为GoA（Grades of Automation）等级，分别为GoA0、GoA1、GoA2、GoA3和GoA4，见表1-1。全自动运行系统（FAO）包含自动化等级GoA3和GoA4，即全自动运行系统运行模式包括有人值守的列车自动运行（DTO）和无人值守的自动运行（UTO）。

表1-1 列车运行控制系统划分表

列车运行方式	自动化等级	驾驶模式
TOS目视列车运行 （On-sight Train Operation）	GoA0	无ATP无列车自动防护
NTO非自动化列车运行 （Non-automated train Operation）	GoA1	ATP列车自动防护 （Automatic Train Protection）
STO半自动化列车运行 （Semi-automated Train Operation）	GoA2	ATO列车自动控制 （Automatic Train Operation）
DTO无人驾驶列车运行 （Driverless Train Operation）	GoA3	FAO全自动运行 （Fully Automatic Operation）
UTO无人干预列车运行 （Unattended Train Operation）	GoA4	

不同GoA等级，设备故障时的自动恢复和应急处置完全不同，因此需要在前期设计及后续实施中加以区分考虑。在不同GoA等级下的人工和系统职责划分见表1-2。

表1-2 不同自动化等级下人工和系统职责划分表

基本功能		非自动列车运行	半自动列车运行	有人值守下列车运行（DTO）	无人值守下列车运行（UTO）
		GoA1	GoA2	GoA3	GoA4
保证列车运行安全	安全进路	系统	系统	系统	系统
	列车间隔	系统	系统	系统	系统
	速度监控	人工	系统	系统	系统
列车驾驶	加速制动	人工	系统	系统	系统
监控轨道	障碍物监视	人工	人工	系统	系统
	防止碰撞人员	人工	人工	系统	系统
监视乘客上下车	车门控制	人工	系统/人工	系统	系统
	乘客跌落站台	人工	人工	人工	系统
监控列车	列车投入/退出运营	人工	人工	人工	系统和/或控制中心人员
	监督列车状态	人工	人工	人工	系统

续表

基本功能		非自动列车运行	半自动列车运行	有人值守下列车运行（DTO）	无人值守下列车运行（UTO）
		GoA1	GoA2	GoA3	GoA4
紧急状态的检测与处理	列车诊断	人工	人工	人工	设备检测+人工处置
	烟火检测	人工	人工	人工	
	脱轨检测	人工	人工	人工	
	紧急情况处理	人工	人工	人工	

二、全自动运行线路系统特点

（一）高度自动化、降低人为因素影响

全自动运行系统利用列车自动控制系统和以行车指挥为核心的车站控制系统实现轨道交通运输系统的智能运转，结合人工监视及干预机制，实现高精度列车运行控制，减少人为因素对运营的影响，提升运营健壮能力。自动化程度的提高，使系统可以快速、有效地应对运营过程中的干扰，具备更强的应急处置能力。

（二）充分的冗余配置、提高系统可靠性

全自动运行系统的车辆、信号等关键运行设备均采用冗余技术，降低运行故障，减少设备故障对全自动运行的影响，缩短故障诊断及修复时间。全自动运行系统中控制中心的作用与常规线路相比极其重要，为了防止控制中心失效对正常运营产生的影响，一般会对控制中心的配置级别加强。

（三）完善的安全防护、提高系统安全性

全自动运行系统实现列车运行全过程的安全防护，包括增设人员防护开关、车门对位隔离功能、列车脱轨、障碍物检测功能等，增加了应急情况下各系统联队功能及中心处理突发情况的防护能力，能够有效提高运营系统的安全性。

（四）丰富的中心功能、实现智能化控制

全自动运行系统的控制中心实现对列车全自动运行的全面监控，包括面向乘客的远程服务、远程控制列车运行及故障处置、各设备系统的详细监测、各系统的相关联动控制等，通过丰富的中心远控功能实现了列车智能化管理。

三、全自动运行线路运营所面临的问题

（一）运行安全压力大

自动化程度高，是全自动运行线路最大的优势，也是最容易影响运营安全的因素之一。随着城市轨道交通网络化运行的发展，运行安全问题日益突出，当全自动运行线路投入运营后，换乘车站的客流组织、设备设施故障后的运输组织、行车组织以及突发事故情况下的应急管理等，都会给线路运营带来更大压力。全自动运行线路的客运管理及行车管理要结合全自动运行系统特别制定针对性、差异化的管理措施以应对各项突发情况。

（二）应急处置效率低

全自动运行线路系统的功能替代了司机的职能，因此全自动线路的岗位设置较常规线路有较大差异，但司机在常规线路列车运行上是现场应急的关键角色之一，全自动运行线路岗位调整后，当列车各子系统发生故障时，若没有相关人员第一时间的处置都可能面临着故障扩大影响进而对全自动运行线路的

安全产生影响的局面。因此,全自动运行线路各行车岗位的职责划分、技能培养、应急管理体系的构建,以及维保人员的应急处置能力在全自动运行线路的管理上都是非常重要的课题。

(三)维保指标要求高

全自动运行线路的安全运行离不开设备的稳定,因此,全自动运行系统的RAMS指标要求更高,而全自动运行系统的复杂程度与接口关联程度对维保管理都带来了诸多挑战。全自动运行线路的系统设备管理要从顶层设计抓起,依托全自动线路运营的各种场景建立起丰富的联动功能,并在全自动线路系统调试中全面验证,运营管理要结合系统关联程度,匹配适应的维保管理组织架构,开展差异化维保或智慧维保,完成运营指标高要求。

(四)运营培训难度大

全自动运行系统具有全新的设计理念,其设备功能设计及人员架构都与传统模式不同。全自动运行系统要求相关工作人员具有更高的专业素养,基本要"一岗多能",这需要运营单位对全自动运行系统上的工作人员进行更多、更全面的培训,建立一支专业化全自动运维队伍。

第三节 全自动运行线路总体要求

一、系统功能要求

全自动运行线路各项技术要求应符合国家规定的运营准入技术条件,并满足各项基本要求,全自动运行线路工程设计应满足相应城市轨道交通制式的现行设计规范要求，全自动运行线路系统功能应当安全可靠，各系统设计应同时满足不同自动化等级下的运营组织与管理需求，达成各种应用环境下可靠、可用、安全及可维护性。另外，为了给全自动运行系统工程提供足够的安全保障，应聘请独立第三方安全认证机构，对全自动运行线路核心系统进行安全评估，并提交安全评估报告。

（一）核心系统要求

1. 车辆系统

车辆全自动运行应具备如下功能：自动化列车运营功能、监控乘客乘降功能、监测线路功能、紧急状态监测处理、状态监测及上传功能。运营线路有灵活编组运营需求时，全自动运行车辆宜具备自动解编、重联的功能。全自动运行列车宜采用开放式司机室、不设置司机室门，采用简易司机台方式，设置司机台防护盖。

车辆系统应完成制动系统、牵引系统、车门系统、端部疏散门系统、列车控制和管理系统、紧急对讲装置、火灾和烟雾检测、障碍物及脱轨检测系统独立第三方安全评估，并提供相关评估报告，其中紧急制动系统安全完整性等级应达到SIL4，常用制动系统安全完整性等级应达到SIL2，防滑制动系统安全完整度等级应达到SIL2，车门系统硬线安全完整度等级应达到SIL4，车门控制单元安全完整度等级应达到SIL2，端部疏散门安全完整度等级应达到SIL4，TCMS系统、紧急对讲装置、烟火报警装置和牵引系统安全完整度等级应达到SIL2，障碍物及脱轨检测系统安全完整度等级应达到SIL1。

2. 信号系统

信号系统中的主要行车设备或子系统的计算机及关键部件应采用冗余结构，在硬件方面应增加SPKS开关、车载唤醒模块、清客按钮、快速定位信标/应答器等，在接口方面应强化与车辆、PSCADA、专用通信、综合监控、站台门等系统的多方接口功能。

信号系统全自动运行应具备蠕动/全自动运行限制模式授权、远程休眠/唤醒、远程CC重启等功能，以实现全自动运行线路列车自动休眠/唤醒、场段自动调/洗车、自动收/发车、区间自动运行、站台自动对位停车及站台自动作业、自动发车、自动折返、自动清客等常规运行功能，列车过停自动调整对标、蠕动模式、全自动运行限制模式、车载计算机远程复位等故障应急功能，以及乘客对讲触发、车门紧急解锁、车辆/站台/区间火灾、车门/站台门对位隔离等联动场景功能。

信号系统应具备GoA4自动化等级运行功能。应完成列车自动防护子系统、联锁子系统、列车检测装置、列车自动监控子系统、列车自动运行子系统独立第三方安全评估，并提供相关评估报告，其中列车自动防护子系统、联锁子系统、列车检测装置安全完整度等级应达到SIL4，列车自动监控子系统、列车自动运行子系统安全完整度等级应达到SIL2。

3. 专用通信系统

专用通信系统全自动运行应具备与车辆、信号、综合监控的多方接口联动功能，实现列车全自动联动场景PA\PIS\CCTV系统的联动并增强与信号系统接口冗余性能，确保接口功能可靠性。

专用通信系统的公安闭路电视监控子系统、乘客信息子系统应确保本系统安全防护等级不低于第二级安全保护能力，并取得第三方认证。专用无线子系统应完成独立第三方安全评估，并提供相关评估报告，安全完整度等级应达到SIL1。

4. 综合监控系统

综合监控系统全自动运行应具备与信号及无线通信、车载PIS、车载CCTV等多方接口联动功能，以实现各项运营场景的联动功能，并增强与信号系统的接口冗余性能，确保接口功能可靠性。

综合监控系统应完成独立第三方安全评估，并提供相关评估报告，ISCS系统安全完整度等级应达到SIL2。

5. 站台门系统

站台门系统全自动运行应具备如下功能：新增站台中部PSL就地控制盘，具备首尾端PSL全部功能。将红外光栅障碍物检测信号接入安全回路，确保车门站台门间隙安全，同时新增与信号系统增设冗余通信接口，实现车门站台门对位隔离功能。

站台门系统应完成PEDC、DCU子系统独立第三方安全评估，并提供相关评估报告，PEDC和DCU的安全完整度等级应达到SIL2。

（二）联动功能要求

全自动系统接口联动功能是实现全自动运营场景的保证，一般分为车辆场景相关接口功能、车站场景相关接口功能及区间场景相关接口功能，主要联动功能列表见表1-3。相关联动场景应结合运营管理单位需求实现视频联动、信息报警显示、自动控制列车等功能，运营管理单位可结合功能列表对核心系统的功能要求进行进一步明确。

表1-3 接口联动功能列表

序号	分类	联动场景	接口专业
1	车辆相关接口功能	乘客紧急对讲	车辆、信号、通信、综合监控
2		车门紧急解锁	车辆、信号、通信、综合监控
3		车门状态丢失	车辆、信号、通信、综合监控
4		车门检测到障碍物	车辆、信号、通信、综合监控
5		逃生门盖板打开或手柄激活	车辆、信号、通信、综合监控
6		司机操作台盖板被打开	车辆、通信、综合监控
7		电气柜门被打开	车辆、通信、综合监控

续表

序号	分类	联动场景	接口专业
8		灭火器被移动	车辆、通信、综合监控
9		温烟组合探测器告警	车辆、信号、通信、综合监控
10		障碍物或脱轨检测告警	车辆、通信、综合监控
11		车门故障隔离站台门	车辆、信号、通信
12		列车唤醒	车辆、通信、信号
13		车站火灾	信号、综合监控、通信
14		站台清客	车辆、通信、信号
15		站台跳停	车辆、通信、信号
16		站台扣车	车辆、通信、信号
17		站台紧急停车按钮激活	车辆、通信、信号、综合监控
18	车站相关接口功能	滑动门手动解锁	站台门、信号、综合监控、通信
19		LCB开门	站台门、综合监控、通信
20		障碍物探测报警	站台门、信号、综合监控、通信
21		红外光幕旁路	站台门、综合监控、通信
22		应急门开启	站台门、综合监控、通信
23		端门开启	站台门、综合监控、通信
24		站台门故障隔离车门	车辆、信号、站台门、综合监控
25	区间相关接口功能	区间火灾	信号、综合监控
26		区间超高水位告警	通信、综合监控

二、运营管理要求

（一）运营管理目标

（1）全自动运行线路的运营管理应与设备特点及运营环境匹配，具备完善的管理体制、全面的管控范围、体系化的管治措施和有效应急处置能力，能够保证正常与异常情况下的安全、有序、可控，为乘客提供可靠的运营服务，确保不发生因设备故障引起的长时间运营中断。

（2）全自动运行系统功能完善，相较传统线路系统功能及接口关系有较多变化，应建立健全适用于全自动运行系统的组织架构和运营管理机制，保障各部门定位明确、分工合理、衔接紧密、高效运转。

（3）对于全自动运行系统集成化程度更高、集中控制能力更强等特点，应深入分析全自动运行正常、异常场景，以此作为顶层设计，制定运营规则。规则体系应适应全自动运行的需求，并明确正常及降级模式下各岗位人员的职责与处置流程。

（4）应根据运营人员对岗位相关的知识与技能掌握要求以及岗位职责复合的深度与广度差异，对运营人员综合素质提出更高的要求。复合岗位的设置与培养要求应结合运营管理架构进行深入研究。

（5）对于全自动运行系统维保应充分分析设备差异及功能差异，针对性制定维护措施，同时应结合全自动运行系统信息开放性更强、来源渠道更多、交互层次更多、数据量更大的特点，宜开展数据挖掘分析，为运营人员提供有效的判断依据，帮助决策、快速响应、减少失误。

（6）运营单位应进一步宣传、引导乘客进行自助服务，包括自助设施的使用以及在安全防范和应急处置中发挥积极作用，实现自救互救，以充分发挥全自动运行系统优势。

（二）指标管理目标

运营指标包含运营服务指标和设备故障率指标，全自动运行线路在传统线路采用的运营指标基础上，应结合全自动系统功能及运营特点，制定全自动线路运营指标。由于全自动运行线路自动化程度高，且系统设计可靠度高，其运营指标要求应当高于传统线路，宜在全自动线路工程准备阶段确定线路正式运营指标。

对于规范要求的既有运营指标取值可适当高于既有水平，对于新增运营指标，则可依据全自动运行线路相关行业标准要求值或已开通全自动线路的经验值取值。全自动线路初期运营前的运营指标可依据正式运营目标值确定，指标设定及目标值可参照表1-4进行研究。

表1-4 线路初期运营前、正式运营前的运营指标要求

指标类型	既有规范初期运营前指标要求（交办运〔2019〕17号）	既有规范正式运营前指标要求（交办运〔2019〕83号）	全自动线路初期运营前指标要求	全自动线路正式运营前指标要求
列车运行图兑现率	≥98.5%	≥99.5%	≥99%	≥99.5%
列车正点率	≥98%	≥99%	≥98.5%	≥99%
列车服务可靠度	≥2.5万列公里/次	≥20万列公里/次	≥3万列公里/次	
列车唤醒成功率	—	—	≥95%	≥99.5%
退出正线运行故障率	≤0.5次/万列公里	≤0.4次/万列公里	≤0.5次/万列公里	≤0.4次/万列公里

续表

指标类型	既有规范初期运营前指标要求（交办运〔2019〕17号）	既有规范正式运营前指标要求（交办运〔2019〕83号）	全自动线路初期运营前指标要求	全自动线路正式运营前指标要求
车辆系统故障率	≤5次/万列公里	≤4次/万列公里	≤4次/万列公里	≤4次/万列公里
信号系统故障率	≤1次/万列公里	≤0.8次/万列公里	≤2次/万列公里（信号系统故障是指列车退出DTO模式运行的故障）	≤1.6次/万列公里（信号系统故障是指列车退出DTO模式运行的故障）
供电系统故障率	≤0.2次/万列公里	≤0.16次/万列公里	≤0.2次/万列公里	≤0.16次/万列公里
站台门故障率	≤1次/万次	≤0.8次/万次	≤1次/万次	≤0.8次/万次
传输系统故障率（出现系统瘫痪，系统板卡出现影响系统运行的故障）	/	/	0	0
车地无线系统通信故障率（通信丢失大于2s）	/	/	0	0

全自动线路的运营指标表现主要与设备磨合情况、人员熟练程度和线路运营方式等因素相关，在线路不改变运营方式的前提下，运营指标表现值将与设备磨合情况、人员熟练程度呈正相关。线路从试运行到正式运营阶段，设备状态和人员熟练程度应随着时间的推移呈上升趋势，故线路正式运营阶段的指标要求应高于初期运营阶段。

其中，设备故障率主要与设备磨合情况有关。运营服务指标中的列车运行图兑现率和列车正点率与设备可靠度、运营调整水平相关。列车服务可靠度的表现，以设备表现为基础，同时依赖应急处置速度与线路运营方式相关，因此在线路运营方式不变的前提下，仅与设备磨合情况相关。故该指标初期运营前和正式运营前的取值，可参照设备故障率指标设置一定的差值预期。

第四节　本书主要内容

随着全自动运行线路的大规模建设与逐步开通运营，适用于全自动系统特点的运营管理模式日益成为行业的关注点。鉴于全自动运行线路的运营管理在生产组织、设备设施管理、人员及组织架构、安全与应急管理等方面与传统线路有较多差异，因此，需要对全自动运行系统下的不同管理阶段和管理方面进行研究。

本书从全自动运行线路的系统特点入手，对运营管理的各个方面进行介绍。第一章总则，主要介绍了全自动系统的基础概念、运行特点及基本的要求，以便帮助读者对全自动运行线路建立一个基础的框架认知。后续分别从全自动运营场景、岗位设置及人员培养、线路调试、规章制度建设、安全与应急管理、行车管理、维保管理和客运服务管理等几个方面，对全自动运行线路管理的差异内容、管理要求、研究建议等方面进行逐一介绍。

第二章 全自动运营场景

在全自动运行线路中,如何科学合理地设置运营场景文件以及依据场景文件指导并建立起完备的系统设计联络、功能分配、岗位人员配置、作业流程及运营规章,是运营管理单位在运营筹备工作中必须解决的问题。本章从运营需求考虑,主要介绍城市轨道交通全自动运行线路运营场景研究及应用情况,为城市轨道交通行业全自动运行线路场景设置提供参考。

第一节 运营场景编制原则

较常规线路而言,全自动运行线路具有自动化程度更高、系统间联动性更强等特点,各系统通过增加或完善设备配置及功能,共同保障全自动运行系统的安全、高效、稳定运行。编制场景文件的目的在于将运营需求与系统设计予以匹配,从而使各岗位的职责以及应急程序中的各项安全措施得以落地。

一、运营场景定位

全自动运行系统相对于传统系统有着更多的优势,但这些优势的实现不仅涉及运营管理,而且涉及基础建设和系统构建等各方面。因此,全自动运行系统结合具体项目的运营管理模式,应用系统工程的理念和方法,自上向下,建立起系统设计类规范文件。运营场景文件作为顶层设计文件之一,是全自动运行系统的纲领性文件，其地位在一系列技术文件中尤为重要。运营场景设计流程如图2-1所示。

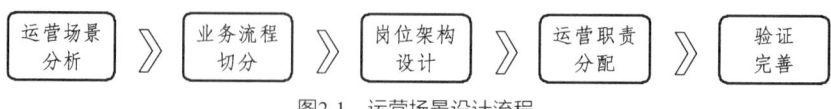

图2-1　运营场景设计流程

全自动运行线路的场景文件针对城市轨道交通全自动运行系统运营的全过程进行了全面、准确、详细的描述。场景文件既需要体现运营的理念与需求，又需要反映出系统中设备功能和岗位设置的依据以及系统之间联动的逻辑。场景的设置应遵循国内外的相关标准，基于充分的安全分析，符合全自动运行系统的特点，充分发挥出系统的优势，并考虑国内运营需求的特点和系统的兼容性等因素。

因此，场景文件作为全自动运行线路贯穿设计期、建设期、筹备期、运营期各阶段的指导性文件，是全自动运营筹备工作的"中轴线"。

二、运营场景目标

（一）以设备功能为指导

全自动运行技术是基于车辆、信号、通信、站台门和综合监控五大核心系统高度自动化的集合，系统设备智能化是全自动运行线路高质量、高水平开通的核心技术支撑，想要形成全面感知、实时互联、远程诊断、分析决策、自主学习、动态预测的智能系统，除了对设备技术本身的依赖之外，更重要的是在设计阶段充分融合运营管理部门意见，使各项设备联动功能切实运用到各个运营场景当中。

（二）以岗位功能为核心

为了充分发挥全自动运行系统自动化程度更高、系统间效率更高、服务更智能等特点，全自动运行线路的架构一般会基于运维一体化的管理思路而设置，场景设置的根本作用在于使运维一体化架构中各岗位的职责得以落地，以保障全自动运行线路安全、有序、高效运营，为乘客提供安全、准时、便捷、舒适的服务。

三、运营场景编制思路

系统设备自动化水平的提高必将带来运营组织和设计理念的改变，虽然国内已有很多城市开通全自动运行线路，但绝大部分尚处于探索完善阶段，设计部门在场景设计阶段也面临着经验匮乏，同时要实现全自动运行线路系统智能化要求的情况，场景文件编制宜按照以下思路展开。

（1）由轨道交通运营管理单位主导编制场景文件，尽管承包商可能有全自动运行线路的建设经验，但其对运营管理的理解远不能支撑场景文件的编制，往往不能契合当地管理模式。

（2）场景文件编制的前提条件是运营管理架构的稳定、管理界面的清晰和岗位职责的确定。在此基础上，还需组织一支涵盖调度、维保、站务、安全管理等多个板块的业务团队对场景的流程进行细致的研讨。

（3）运营筹备工作前置，在设计阶段即开展充分的场景文件调研工作。可通过组织设计单位和运营管理单位对国内或国外全自动线路进行调研，以加深对全自动运行线路运营理念的理解，并组织全自动筹备课题组开展场景的初期研究工作。

（4）明确设计主线，凝练场景科目。运营场景编制需确保运营场景与运营需求相吻合，在场景枚举的过程中，应将运营管理流程予以梳理，并按照各种工况下的参与方和安全防护主体的差别，将运营场景进一步凝练并分类。同时随着运营管理单位组织架构和岗位职责逐步明确，有必要分阶段对场景文件进一步深化。

（5）场景文件应包含运营影响和岗位职责，并将需求落实至系统功能分配。每个场景可按照"场景描述—运营影响—基本流程—功能分配—岗位注意事项"的流程进行描述，并按照DTO和UTO两种模式予以梳理，确保系统功能可支持无人值守的无人驾驶模式。

（6）场景文件初稿编制完成后应组织调度、车站、维保各岗位进行桌面推演及阶段验证，以确保场景设置合理性并逐步修正完成场景文件定稿。

四、运营场景分类原则

场景的分类标准及数量根据不同的定义原则是存在一定差异的，可根据项目需求和实际应用情况对场景内容和数量进行修改，宜按照各场景下的参与方和安全防护主体的差别，细分为正常场景、故障场景、应急场景三个类别（见图2-2），具体子场景数量及运营设计原则应以运营单位需求为主。

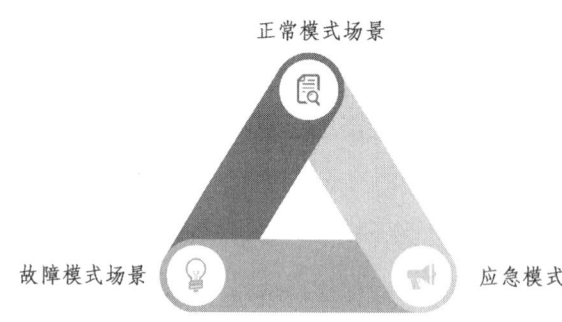

图2-2　运营场景分类

（一）正常场景

以时间的流动顺序为轴，描述了一整日正常运营所遇到的场景与工作流程，包含运营准备、列车出库、列车正线运行、列车回库、场段内调车、清扫检修、运营结束等流程，除了日检和维护等个别场景必须要工作人员参与外，其他场景下的运营活动不需要人工干预，可由系统自动完成。

根据运营的实际情形的需求，系统支持由中央调度员进行一定程度的干预。下面以列车唤醒场景进行举例说明，见表2-1。

表2-1 列车唤醒场景

场景	列车唤醒
场景描述	由系统或人工对车辆段/停车场或正线休眠的列车实施唤醒作业，含以下三种方式： 1．系统根据出入库计划自动唤醒。 2．行车调度通过ATS执行远程人工唤醒。 3．车上值守人员登车人工就地唤醒。 车载信号设备、车辆设备实现上电后进行综合自检。自检通过后列车具备全自动运行能力
基本流程	1．行车调度应在列车自动唤醒前通过ATS确认停车库内或正线休眠点列车工况均为休眠。 2．行车调度确认列车出入库计划并录入ATS系统，与各列车进行匹配。 3．ATS根据出库计划，提前30分钟（可调）自动唤醒列车，DTO模式下需在唤醒前安排车上值守人员登车。 4．信号系统（唤醒模块）通过采集车辆低压母线上电信号，以判断列车是否激活。 5．列车上电后，车载各子系统开始自检。车辆各子系统上电并自检成功后，将自检结果送给TCMS，由TCMS将自检结果汇总后通过自检成功标志位反馈给车载CC。 6．列车收到唤醒指令上电成功且车载各子系统自检完成后，开始执行列车与ATC的联合自检。 7．车载信号系统将联合自检的完整信息上报ATS，车辆专家工作站同步接收列车上电自检结果和联合自检结果。 8．ATS根据编制的出库计划在列车发车时间前10分钟自动向唤醒并自检成功的FAM模式列车下发出库计划。 9．ATS在收到列车联合自检完成后自动向列车下发"待命"工况

续表

场景	列车唤醒
功能分配	1．信号 （1）ATS应能根据出库计划依次按时向列车发送自动唤醒命令； （2）ATS具备远程人工下发唤醒命令功能； （3）车载应能通过采集车辆低压母线上电信号，判断列车是否激活； （4）车载控制器上电后执行车载控制器自检，自检完成后收到车辆自检结果正常则开始执行联合自检；列车在正线站台休眠区的联合自检不应进行开关车门测试； （5）车载应能将自检成功、中断或失败的信息上传至OCC-ATS，并在行调ATS工作站上显示； （6）自检成功的列车应能自动进入FAM模式； （7）ATS收到自检成功信息后应能向目标列车自动下发"待命"工况，车载信号设备收到待命工况后输出至车辆。 2．车辆 （1）列车具备就地唤醒功能； （2）车辆应将列车的上电状态送至信号系统； （3）车辆成功上电后应能执行车辆各设备的自检； （4）车辆各设备自检完成后将自检结果信息发送至车载控制器； （5）车辆自检完成后应能响应车载控制器的控制命令，一同执行联合自检； （6）车辆应能够根据信号发送的工况指令自动调整车厢内空调、通风、照明等设备状态。 3．通信 （1）无线车载设备自检完成后将自检结果信息发送给车辆TCMS系统； （2）地面PIS车载设备自检完成后将自检结果信息发送给车辆TCMS系统

续表

场景	列车唤醒
注意事项	1．夜间列车在无电情况下人工移动列车后车上值守人员应确保列车停回正确位置（动车前的休眠位置）。 2．行车调度若发现列车工况显示未休眠，应人工设置休眠。 3．行车调度需确认出库计划在规定时间成功激活并下发。 4．若出现自动唤醒失败的列车，行车调度应通过ATS远程人工唤醒。若仍然无法唤醒，应通知车辆调度发布故障信息，通知相关专业进行故障排查，按实际需求通知车上值守人员执行就地人工唤醒。 5．当需唤醒非出库计划内列车（如备车）时，应由行车调度执行远程人工唤醒，并于出库阶段确认列车唤醒状态。 6．列车无法唤醒将影响列车出库计划，调度员需及时调整计划。同时注意：对于双列位库线，可能同时影响两列车出库。 7．列车在正线站台休眠区的联合自检不含车门测试。 8．场段或正线存车线列车自检过程中不得有人员上下列车或倚靠车门，以防影响自检结果及车门开关测试中人员跌落。 9．场段信号值班人员通过CMSS监测系统确认列车唤醒时车载设备状态，若发现车载设备告警可通知行车调度联合进行远程处置，确保列车正常运营

（二）故障场景

故障场景一般是指因与行车相关的全自动运行核心系统内部发生故障或因外部条件的变化导致系统运行偏离运营计划但不直接危及安全的情况。此类场景可包括车辆唤醒失败、站台门故障、车门故障、牵引故障、制动故障、车载网络控制系统故障（蠕动模式）、黏着因数降低（雨雪模式）、列车定位故障、ATO故障及其他需要控制中心对列车进行远程干预的场景（如开关车门、施加紧急制动、故障复位）等，在场景文件需要重点描述设备故障现象、故障影响以及运营人员处置步骤。下面以列车车载控制器与TCMS通信故障场景进行举例说明，见表2-2。

表2-2　车载控制器与TCMS通信故障场景

场景	车载控制器与TCMS通信故障
场景描述	1．车载控制器与TCMS通信故障，如无法控制列车正常运行，列车在区间停车，经中央行调授权后以CAM模式自动运行至下一站后自动扣车。 2．列车无法正常使用FAM模式，需要进入CAM模式；CAM模式下，列车速度较低，会造成列车晚点、后续列车延误
基本流程	1．车载控制器与TCMS通信故障后列车紧急制动，行调根据运营组织需要决定是否需要执行CAM模式，若授权列车CAM模式运行则低速运行至下一站扣车保持车门与站台门开启状态，DTO运营模式下可由车上值守人员进行故障处置，故障短时间无法恢复则可采用人工驾驶CM模式运行； 2．乘客调监控乘客根据实际情况进行安抚广播； 3．车上值守人员根据列车推荐最高运行模式运行并监控客室乘客； 4．车辆调度通知信号值班人员，及时响应故障处置； 5．信号人员到控制大厅保驾，协助故障处置，如故障无法恢复，根据实际情况申请列车下线
功能分配	1．信号 （1）车载控制器检测到自身与TCMS通信异常后，输出紧急制动，并向OCC发送告警信息； （2）应能判断CAM模式触发条件，当需要时能自动向控制OCC发出进入CAM模式的请求； （3）中央ATS工作站应授权列车进入CAM模式； （4）CAM模式下应能控制牵引和制动，并对列车进行超速防护； （5）CAM模式到站后应能自动扣车，打开车门和站台门不关闭；在开门无效区域不开门； （6）CAM模式具备站台精确停车功能。 2．车辆 （1）车辆提供与信号车载控制器的接口，以实现蠕动模式下牵引、制动级位控制；

续表

场景	车载控制器与TCMS通信故障
功能分配	（2）应能联动车载PA播放相关信息； （3）应能执行远程人工广播。 3．通信 应能对列车进行远程人工广播
注意事项	1．出于安全考虑，故障情况下，远程处置优先级应高于人工就地处置； 2．CAM模式尽量使列车在站台对标停车

（三）应急场景

应急场景是指因系统中发生故障或因外部发生突发事件而危及安全并要求立即处置的情况。紧急的异常场景可包括车辆火灾、车站火灾、隧道火灾、救援、乘客触发列车紧急手柄、区间疏散、紧急疏散门打开、列车检测到障碍物或脱轨报警等，下面以车门紧急解锁装置触发场景举例说明，见表2-3。

表2-3 车门紧急解锁装置触发场景

场景	车门紧急解锁装置触发
场景描述	1．列车在正线载客运营过程中，乘客操作车门紧急解锁装置，导致列车车门紧急解锁装置； 2．列车到站后信号系统禁止站台发车，直至列车车门紧急解锁装置复位，期间无法继续运行，影响后续列车进站
基本流程	1．车门紧急解锁装置激活信息上报中央ATS，并在中央车辆专家工作站进行报警提示。联动车载CCTV（含报警叠加字符信息）至中央大屏，就近乘客紧急对讲联动触发与中心乘客调建立通话；

续表

场景	车门紧急解锁装置触发
基本流程	2．车门紧急解锁装置激活时，若移动列车位于无效区（紧急解锁装置激活后列车不在站台内），则列车以FAM模式继续保持运行，运行至下一站，若移动列车位于有效区，则列车施加紧急制动停车； 3．列车静止状态下（零速）激活车门紧急解锁装置，若在有效区对标停稳，信号即输出开门指令可直接打开站台侧车门；若在无效区，乘客可手动打开车门进入轨行区； 4．行调根据乘客反映情况，并通过控制中心大屏视频观察后进行处置。如需紧急处理，乘客调通过紧急对讲安抚乘客不要离开列车进入轨行区，等待专业人员进行处理，同时行调通知车站应急人员赶往现场处理，若行调通过大屏视频观察发现车门已打开，则按照现有区间进入处理； 5．紧急对讲结束后，中心乘客调在无线调度台挂断乘客紧急对讲通话，乘客紧急对讲报警信息消除； 6．列车进站停车，行调确认可动车后，UTO模式由车站应急人员，DTO模式由车上值守人员人工复位紧急解锁装置行调远程关闭车门（如车门已打开）后列车自动发车
功能分配	1．信号 （1）应将正线轨行区分为有效区和无效区。有效区内列车紧急制动后需确保至少有一扇车门位于站台区内； （2）中心ATS应显示车门紧急解锁装置激活报警； （3）车门锁闭状态丢失后，当移动列车处于无效区时，应以FAM模式继续保持运行；当移动列车处于有效区时，应施加紧急制动，且不得再自动发车； （4）应具备对无效区列车两侧车门和有效区非移动列车非站台侧车门施加保持车门关闭（HDC）功能； （5）在无效区触发非移动列车区间平台侧车门紧急解锁装置后，应在延时（可调）后释放HDC，且应能远程取消延时直接释放该HDC； （6）车辆专家工作站应显示车门紧急解锁装置激活报警； （7）中央ATS应能将车门紧急解锁装置触发信息、车门锁闭和关闭状态发送至综合监控

续表

场景	车门紧急解锁装置触发
功能分配	2．车辆 （1）应提供车门关闭和车门锁闭两个独立信息，若车门紧急解锁装置触发，车门锁闭状态应丢失； （2）应能将车门紧急解锁装置触发信息、车门锁闭和关闭状态发送至信号车载控制器和车辆专家； （3）车门紧急解锁装置触发后应能自动联动就近的乘客紧急对讲； （4）当信号施加保持车门关闭（HDC）时，车辆对解锁车门施加关门力，保持车门关闭。 3．综合监控 （1）应能显示车门紧急解锁装置触发报警信息及位置； （2）中心综合监控工作站弹出报警提示，并能选择是否调看视频画面。 4．通信 （1）应支持多个乘客紧急对讲上报并在中心无线调度台显示。选择任一接通后，其余未被接听的紧急对讲应保留请求，并具备不接听直接挂断功能； （2）联动车门紧急解锁装置触发附近视频上传至大屏幕，通信将报警信息发送给综合监控； （3）无线调度台结束乘客紧急对讲通话，乘客紧急对讲报警信息复位
注意事项	紧急手柄为非自复位式，需要人工复位

第二节　运营验证

运营场景文件编制完成后，运营管理单位要结合场景文件开展多轮验证，由浅到深、由点到面对系统功能、人员操作、规章制度等进行有效检验，为线路的高质量开通初期运营奠定基础。

一、运营验证实施原则

（一）运营验证目标

由于运营场景文件是对运营管理的全过程进行的描述文件，场景文件的运营验证过程必将是持续并贯彻整个线路筹备及运营的，不同阶段对场景的验证有不同的要求。运营验证既要对系统功能进行逐一核验，确保各系统功能满足设计要求，又要对运营管理单位的规章体系、应急预案和人员技能进行全方位检验。

（二）运营验证分组

场景文件应由运营管理单位按组织运营人员全程牵头并参与，系统承包商做好技术保障工作，以场景测试及演练实战的方式对全自动系统所包含的场景进行充分验证。

1. 运营管理单位

（1）总体负责场景验证工作方案制定、人员调度管理、安全把控工作。

（2）负责各部门间工作协调、场景验证流程把控，负责召开交底会以及总结会。

（3）总体负责场景验证行车指挥工作，办理列车运行进路，安排专人做好测试记录，把控行车安全相关事宜。

（4）负责站台、列车上的人员安排、安全把控及现场结果记录。

2. 系统承包商

（1）根据场景科目，负责派出专业技术人员对场景验证人员的设备操作进行技术保驾和技术指导，现场设备由责任承包商进行相关的故障模拟和操作。

（2）若验证中遇设备故障，承包商人员需及时处理、抢修，对本设备系统的安全和质量负责，负责本单位作业人员的安全管理。

二、运营验证实施阶段

(一)场景功能验证

场景验证是在信号FAO调试初步完成后对系统功能开展的验证工作,通过按照场景文件对设备进行操作,以检验系统能力是否满足设计要求和运营需求。

1. 场景验证分阶推进情况

场景实际运用应结合设备建设投用实际开展多轮验证,以达到充分验证设备功能、检验处置流程、锻炼员工技能的实际目的,宜通过三个阶段开展。

(1)第一阶段。贯彻落实"运营前置理念",利用模拟设备、试车线等条件,从运营角度出发对全自动运营联动场景功能进行的验证性测试,有效推进全自动联动功能完善、设备缺陷整改,使得新线筹备员工加深全自动运行线路认知。

(2)第二阶段。随着正线及场段轨行区FAO功能初步调试完毕,为稳固全运营场景和设备功能,充分检验应急预案和故障处理指南的可实施性,让各个专业的骨干人员提前熟悉终端设备操作、掌握设计原理,并以此为契机开展第二阶段场景验证。

(3)第三阶段。空载试运行前,在全线围绕车辆、信号、通信、综合监控、站台门等5大全自动运行核心系统专业开展第三轮全自动运营场景验证工作,参与人员覆盖面广,涉及专业多,更多聚焦面向于场景文件的完备性与运营人员的设备操作。

场景功能验证表格示例见表2-4和表2-5。

表2-4 站台门故障隔离车门联动场景验证

项目名称	站台门故障隔离车门联动测试
测试目的	测试站台门故障隔离车门功能是否符合设计要求

续表

项目名称	站台门故障隔离车门联动测试
测试内容与方法	a）站务人员操作单个站台门LCB至"关门位"； b）后续列车停靠该站台时，对应车门不开启； c）车上配合人员、站务人员分别记录列车PIS、站台PIS相应车门、站台门不开启提示信息
测试结果	各相关设备系统运行模式和动作情况应符合设计要求

表2-5　站台门故障隔离车门场景验证记录表

测试列车	测试场景	测试操作及要求	测试内容	检测结果
××车	站台门对位隔离故障场景	初始条件： 1．列车在FAM模式下运行。 2．故障站台门LCB在关门位。 测试操作与要求： 1．列车以FAM模式正常进站。 2．专业人员模拟电磁锁故障。 3．列车正常对标后联动开门	滑动门门头指示灯点亮	□合格 □不合格
			综合监控收到站台门请求对位隔离报警信息	□合格 □不合格
			列车自动运行至车站线对标停车，信号开关门联动正常，故障站台门不打开	□合格 □不合格
			故障滑动门对应车门上方车载PIS显示屏显示"车门故障"，车门隔离指示灯点亮	□合格 □不合格
			地面PIS显示站台门故障	□合格 □不合格

2. 场景验证判定标准

场景验证过程中出现严重故障或调试过程中出现安全隐患，导致科目整体终止的，视为本科目验证实施不合格。

在验证实施过程中，单一项目出现以下问题的，本项验证内容判断为不合格，应纳入整改追踪：各责任主体人员不按时到位或不配合参与验证，导致无法在计划时间内按期开展的验证项；出现故障导致该项调试无法继续进行，经现场临时处理仍无法按时恢复的；设备功能与前期明确的规范、文件、需求不符，或无法满足功能需求的。

对于验证不合格的项目，应通报相关施工单位及运营公司相关设备负责人，及时明确整改方案，制定整改措施，落实整改期限。

（二）场景演练

场景演练是在场景验证基础上对规章制度、人员技能以及系统功能进行更全面的检验。运营管理单位组织场景演练要结合《城市轨道交通初期运营前安全评估技术规范》（交办运〔2019〕17号）要求及线路实际开展故障及应急场景演练工作。具体实施要求可参照如下。

1. 成立演练工作组，全程监督应急演练工作

运营管理单位宜成立以安全分管领导及属地分管领导为演练组长、新线筹备骨干人员任组员的筹备期应急演练工作组。根据场景科目制定应急演练计划，确定应急演练科目、演练地点及时间、重点检验内容等，监督演练计划兑现、实施过程、演练评估、问题整改、资料归档等环节，同时达到"锻炼队伍、磨合机制、检验预案"的基本目的。

2. 全面开展全自动运营场景演练工作

运营管理单位应以"精质量、全覆盖、高频次"为原则，开展故障场景、应急运营场景演练，充分验证全自动运行线路应急预案、故障处理指南可适用性，促进一线员工充分熟悉全自动运行线路特色功能，掌握全自动运营模式下

的应急处置流程，提升各岗位、各专业人员应急处置能力，为全自动运行线路相关规程制度建设工作积累宝贵的经验。

3. 联合应急处置部门、单位开展大型综合应急演练

针对全自动运行线路大型应急场景如列车区间火灾场景及其相关应急预案的适用性，应联合运营管理单位以外的相关应急处置部门、单位开展协同演练，充分验证大型应急事故发生后的应急组织机构建立及运转、GoA4系统等级下列车FAM模式自动驾驶设备功能联动、列车区间火灾紧急疏散、伤员救治、火灾扑救、乘客接驳、列车连挂救援、行车和客运调整、信息报送、网络舆情监控和引导等应急场景和应急必要环节，提升各相关救援力量的联合应急救援能力。

4. 持续开展"全员、全过程、全覆盖"强化演练

结合前期演练情况，在各项制度、功能完成完善后，运营管理单位应组织开展常态化场景演练，充分利用末班车、平低峰期等时机，借助设备可操作性强、客运服务影响较小等契机开展演练，在空载期开展循环练习，进一步强化全员的应急处置水平。

第三节　场景动态管理机制

全自动运行线路的运营管理是一个复杂且漫长的过程，不同的运营管理阶段面对不同的运营环境，设备运行的差异性也会呈现出不同的故障现象。运营管理单位在场景文件编制、验证并投入使用后，要及时对运营初期的运营情况进行总结，当发现基于运营实际环境和各类事件预设的场景文件在某些情形下与实际情况有所偏差甚至存在疏漏的情况时，要组织相关部门对场景文件进行补充和修订。

一、场景深化需求

场景文件的编制一般采用基于既有运营经验的枚举法,在故障场景和应急场景编制的过程中,通过对运营单位主要设备既有故障的系统分析、全自动功能的差异化对比及岗位职责的统筹考量进行场景完善,但在实际的应用过程中,随着运营环境及设备运行的变化,各系统及各岗位的不断磨合,都可能发生很多未曾预料到的故障及相应的应急环境。因而,场景文件的完善是一个长期且持续的过程。

(一)场景深化原则

(1)场景深化最根本的原因通常分为设备功能改造、运营组织模式优化两个方面,目的在于提升既有的运营管理水平,使得设备功能更加全面、运营组织更加合理、设备运行更加稳定。

(2)场景深化的目的可以分为既有全自动运营管理完善、新线建设指导两个角度,在既有全自动运营管理完善应基于既有的设备功能、组织架构,更加倾向于对应急处置流程的深化;新线建设指导场景深化,应更加注重确立设备功能以及角色的职责分配。

(3)场景深化应有完整的修订管理及验证流程,运营管理单位应组织全自动运行线路调度、维保、站务等多个板块的业务团队对场景的完善补充进行讨论后再进行深化。

(4)运营期间若系统设备需要进行升级改造,运营管理单位需梳理系统升级可能涉及的场景,并组织对涉及场景的专项验证,确保场景文件的时效性。

(二)场景动态更新机制

1. 专项更新

在既有运营组织模式或应急处置流程发生重大变化,设备升级改造对运营产生较大影响时，应在短时间内完善场景文件动态更新。

2. 周期更新

场景文件应根据公司相关规定，充分结合运营经验，宜以年为单位组织各专业人员全面复盘，对场景文件定期动态更新。

3. 新线筹备更新

运营单位宜在筹备建设前针对本线实际运营需求完成场景文件深化更新及设计，指导承包商设计建设各个系统，尽早实现系统功能，达到多系统集成效果。

二、场景完善实际运用

场景文件作为全自动运行线路的基础大纲，涵盖设备联动及各岗位应急处置职责，经过开通运营后的验证和不断修订完善，在全自动运行线路各岗位人员业务能力培训、应急演练、设备故障处置指南、操作规程修编等方面均有关键的指导作用，后期将持续在该场景基础上不断总结提炼，完善各场景应急处置步骤及优化设备联动，提升全自动运行线路运营水平。

（一）制度建设

在开通试运营前，应在全线围绕车辆、信号、通信、综合监控、站台门等5大全自动运行核心系统专业开展人员覆盖广、涉及专业全的应急演练，更多聚焦面向于运营人员的设备操作与应急预案，以此为基础搭建各类运营管理制度。

（二）人员技能提升

运营单位应通过场景文件衍生各岗位差异化培训教材、设备操作手册、验收题库、培训教材，定制专属上岗验收标准，使得新员工、转线员工得以全方面开展培训，可以胜任新模式、新岗位。

运营单位应在筹备期、运营期根据场景分类组织开展全覆盖演练、双盲演练、多专业联合演练，充分锻炼员工技能，更加深刻地认知全自动运营管理模式。

（三）设备功能检验

主要在筹备阶段，利用模拟设备、试车线等条件，从运营角度出发对全自动运营联动场景功能进行验证性测试，有效推进全自动联动功能完善、设备缺陷整改。进入运营期后，随着科技的进步，持续研究设备功能改造可行性和必要性，完成后将其纳入场景文件修订范畴。

第四节　本章小结

本章主要总结了全自动运行线路运营场景的设置原则和编制思路，场景文件的设置要与各系统和各岗位职责高度匹配，充分发挥全自动运行系统自动化程度更高、系统间效率更高的特点，保障全自动运行系统的安全、高效、稳定运行。

运营场景文件作为全自动线路的基础大纲，涵盖设备联动及各岗位应急处置职责，经过开通运营后的验证和不断修订完善，在全自动线路各岗位人员业务能力培训、应急演练、设备故障处置指南、操作规程修编等方面均有关键的指导作用，运营管理单位在初期运营阶段仍要在场景文件的基础上不断总结提炼，完善各场景应急处置步骤及优化设备联动，提升全自动线路运营水平。

第三章 全自动运行线路岗位设置及人员培养

全自动运行线路系统功能的日渐完善已逐步替代了常规线路的司机、站台、车场等相关岗位的人工操作,其具有的控制中心集中控制、远程控制和自动联动等功能都对控制中心、列车和车站等关键运营岗位人员的职能和运作模式带来了显著的影响,形成了"丰富控制中心和车站相关岗位职能、融合列车相关岗位职能"的全自动运行线路岗位复合管理思路,为满足全自动运行提能增效和安全保障为前提的复合型岗位提供了先天的条件。本章通过分析全自动运行线路的岗位设置特点,对复合岗位设置思路及全自动行车关键专业的培养要求进行介绍。

第一节 全自动运行线路的岗位设置特点

全自动运行线路岗位设置总体上可参照常规线路的岗位职能、岗位构成和岗位编制开展,结合全自动运行的特点和与常规线路的差异,通过业务融合、岗位复合等方式,形成适用的全自动运行的生产岗位。

一、常规线路岗位设置情况

根据工作的业务和职能,一般情况下,常规线路的岗位设置主要分为调度类、客运类、乘务类、维保类、安保安检类等。

（1）调度类：包括行车调度、维修调度、电环调度、信息调度、控制中心值班主任等，主要负责该线路行车组织、行车设备管理等。

（2）客运类：主要包括站务员、值班员、值班站长等，主要负责该线路车站客运服务及车站设备初期应急处置等。

（3）乘务类：主要包括电客车司机、车场调度等岗位，司机主要负责该线路客车、工程车驾驶及运营保障，车场调度负责该线路所属场段运作管理等。

（4）维保类：主要包括车辆检修工、信号检修工、机电检修工、供变电检修工等各专业设备、各系统设备检修维护的所有工种，主要负责相关设备设施的检修、维护、应急处置、故障抢修等工作。

（5）安保安检类：主要包括车站安检及列车、车站、场段安保岗位，负责车站安检及相关线路辖区安保维稳工作。

二、全自动运行线路的岗位设置差异

全自动运行线路的岗位设置原则应结合"系统驾驶、中央集控"的技术特点，在常规线路的设置基础上，对调度类业务进行相关调整，对乘务类业务进行岗位融合，而客运类、维保类及安保安检类业务范围无实质性差异，结合全自动运行线路客运服务及应急管理要求，可对岗位职责进行针对性调整。

（一）调度类差异

新增车辆调度与乘客调度，车辆调度应负责监控车辆专家工作站状态，而乘客调度应负责与乘客联络，应急情况下远程操作PIS、PA等系统，做好车厢及车站乘客服务工作，必要时通知现场操作。考虑到岗位职责要求及工作强度，可以将车辆调度、乘客调度与其他调度岗位人员融合，提升人员利用率。同时，行车调度应结合运营管理单位场段行车管理职责划分，将场段信号楼值班员的业务进行整合。

成都地铁9号线是将车辆调度整合了维修调度相关职责，除了监控车辆专家工作站状态，还负责及时将故障信息通报OCC、生产调度、场段调度，并做好记录及远程初步处理；乘客调度整合了信息调度相关职责，除了乘客服务事务外，还需负责对各种时间关键节点进行跟进、信息通报及信息闭环。

（二）乘务类差异

考虑到员工工作的饱和度及其未来的职业发展，全自动线路乘务专业应该进行岗位融合，可将常规线路电客车司机应急驾驶职能融合至站务类岗位或车辆维保类岗位，不同的运营管理架构有不同的岗位复合思路及复合方向。同时，由于全自动运行线路无电客车司机岗位，FAM运行下站台作业和部分站台门类故障应急处置业务应考虑由车站人员负责，在复合岗位人员应急驾驶期间，车上安保人员要确保行车安全，立岗值守驾驶室防止乘客进入或干扰操作。

成都地铁9号线是将车辆维保岗位与乘务类岗位进行复合，设置车辆运用检修工、工程车运用检修工、场段运用调度三个复合岗位。其中，车辆运用检修工应具备完全的车辆检修工职能，同时具备车辆应急驾驶、突发应急处置、运营保障等职能，以车辆检修为主要专业。工程车运用检修工应具备完全的工程车检修工和工程车司机职能。场段运用调度应具备完全的车辆检修调度、设备调度、派班调度职能，同时具备车辆段/停车场运作管理（除行车）职能，以车辆检修为主要专业。

第二节 复合岗位设置建议

城市轨道交通全自动运行线路复合型岗位的设置和应用须紧密结合所属线路的运营组织模式、系统功能特点等区别于普通线路的关键点，明确岗位实际需求、配置标准和设置原则，并以此指导复合岗位的设计、培养和应用。

一、复合岗位设置原则

全自动运行线路的运营单位应根据本线路场景设计中对各岗位的职能要求和全自动运行系统功能特点，结合组织架构体系建设、运营生产组织和应急处置需求等，开展相关生产岗位的职能复合研究，可根据工作对象和场所的不同，按照列车类、车场类、站务类、调度类等进行分类管理。考虑到不同线路差异，宜按以下原则开展：

（1）复合岗位的设置应符合行业相关标准要求，在满足安全生产的前提下，以提高全自动运行线路运作效率为目的循序渐进地开展。

（2）复合岗位设置应充分考虑岗位设置必要性、业务关联性和实践可行性，充分结合岗位培养、队伍管理和运营生产实际需求。

（3）宜面向与全自动运行系统高度关联的生产岗位，重点为车场运作、车辆检修、乘务驾驶、站务客运、调度运作等业务相关的岗位。

（4）在全自动运营筹备与开通运营初期，采用DTO或以下方式运营的全自动运行线路，可开展车辆检修与乘务驾驶、场段运作与车辆检修的相关业务融合，设置车辆运用检修工（列车应急人员）、场段运用调度（DCC调度）等相关复合型岗位。

（5）全自动运行线路以UTO方式运营时，可开展列车应急人员与站务相关岗位的复合，设置在站复合岗位。

二、复合岗位工作职责

复合岗位的工作职责划分首先要确保全自动运行的正常运营需求，并满足全自动运行系统设备故障和各类运营突发应急事件的安全处置需要。在此基础上，围绕线路特点，可根据工作对象和场所的不同，在调度类、客运类、维保类等岗位设置时就分类明确相关岗位工作职责，进一步形成以列车、车场、车站、控制中心四类运营场所为主体的复合型岗位，逐一明确其岗位职责。

（一）列车类复合岗位

列车类复合岗位主要包括列车应急人员、车辆运用检修工等以列车为工作对象和主要场所的工作人员，主要负责车辆检修维护、运营车辆保障、各类车辆驾驶操作等。具体开展工作为：

（1）车辆检修。

主要负责电客车列检、均衡修等日常检修维护和计划性检修工作，根据当日检修维护生产计划开展并完成检修维护任务，提交满足运营条件的合格列车。

（2）运营保障。

在DTO模式下，主要负责运营列车的全过程运行状态监控，实时掌握列车进站、站台乘降、列车出站、列车区间运行等情况，对出现的异常情况及时报送信息并采取应对措施，确保列车运行安全平稳；在UTO模式下，可采用驻站、间隙登乘列车、车厢巡视等方式开展工作，列车运行过程中发生故障或突发紧急情况时，可快速登车进行处置并采取应对措施，确保列车运行安全。

（3）乘客服务。

在列车上值乘时，主要负责列车乘客事务，当发生乘客事务需要就地进行处置时，在车站等专业客服处置人员达到前负责列车车内乘客事务的初期处置。

（4）列车操作。

主要负责各类需要人工驾驶列车、人工登乘列车监控运行的列车操作和保障工作，包括列车段内调车转轨、列车调试、验证等工作。

（二）车场类复合岗位

车场类复合岗位主要包括DCC调度、场段运用调度等以车辆、车辆段、停车场等车辆基地为工作对象和主要场所的工作人员，负责组织车场运作、车场施工管理、车场属地管理以及车辆和车辆段工艺设备检修调度等。

（1）车场运作。

主要负责全自动运行线路车辆基地的日常运作管理。采用正线、车场一体化运作模式的线路，可将车场行车指挥和行车设备操作权限归于控制中心统一管理，DCC主要负责车场检修运作、故障抢修、应急抢险及属地管理等方面工作，总体参照车站的运作管理模式。采用正线、车场分界运作管理模式的线路，可将车场行车指挥、行车设备操作、属地管理等纳入DCC统一管理。无论采用哪种方式，具体方案和需求应在初步设计阶段明确。

（2）检修管理。

主要负责所属线路车辆检修调度和车辆基地设备检修调度工作，根据运营生产需要，组织车辆检修班组完成当日生产检修任务，核心任务是确保满足运营需要的列车交付。

（三）站务类复合岗位

站务类复合岗位主要包括站务员、列车应急人员等，宜在UTO阶段开展，可设置综合应急类复合岗位队伍，以列车和站台为工作对象和主要场所，负责站台应急处置、站台和列车客服、列车应急处置和各类车辆驾驶操作等。

（四）调度类复合岗位

调度类复合岗位主要包括乘客调度、车辆调度、行车调度等，根据线路组织架构设置的调度类复合岗位，可细分为设备管理类和行车管理类复合岗位调度，以控制中心为主要工作场所，主要负责控制中心电环调度、车辆调度等关键系统设备调度管理和全自动运行线路行车指挥和管理。

三、复合岗位培养标准

（一）总体原则

复合岗位的培养应围绕其岗位职责和运营生产实际需要，按照不同岗位分类，明确其培训周期、培训科目、培训方式等标准。

（1）复合岗位宜采用遴选方式择优选取有意向、有潜力的人员进行培养。

（2）针对新员工、转岗员工等不同来源的复合岗位培养对象，应明确其差异化培养的标准和培训内容，提高培训效率。

（3）复合岗位培养的周期一般不应少于12个月，根据培养对象来源的差异，可细化培训周期。

（4）一般情况下，列车类相关复合岗位应取得车辆检修、车辆驾驶相关上岗资格；车场类相关复合岗位应取得生产调度、车场调度相关上岗资格；车站类相关复合岗位应取得站务服务、车辆驾驶等相关上岗资格；调度类相关复合岗位中，设备类复合岗位应取得车辆调度、维修调度、电环调度等岗位上岗资格，行车类复合岗位应取得行车调度、信号楼值班调度等岗位上岗资格，具体情况应视具体复合岗位职责和工作界面确定。各岗位培养按照其职责、职能和员工业务晋升发展等实施。

（二）总体思路

根据全自动运行线路运维一体化管理的发展要求，各专业岗位进行复合后可能存在上岗证书、技能等级证书不匹配等情况，通过配套复合岗位的相应岗位职级管理办法，合理制定岗位复合后的相关人员上岗鉴定及岗位晋级制度，根据持证和技能等级情况合理制定复合岗位薪酬管理方案，有利于开展各岗位复合研究及人才培养工作，最终形成一整套全自动运维多职能复合岗位人才培养体系，为全自动轨道交通运营人才储备和培养作出新的探索，树立新的标杆。

在全自动运行线路中，复合岗位均为生产岗位，其培养周期长、内容多、难度大，同时面临跨专业瓶颈等难题，应以"选好人、育好人、用好人"的基本目的，建立"全自动运维一体化"和"安全第一、专业互补、深度融合、运维并重"的总体思路，以实现GoA4模式运行为目标，按复合岗位特点和职能，以课堂理论培训、现场实操培训、技能比武、演练等多种方式有针对性地开展复合岗位培养。

（三）业务构成

（1）列车类复合岗位业务主要由车辆、车辆段工艺设备维保及电客车、工程车运用管理组成，包括车辆巡检、应急驾驶及车辆检修、计划性检修、应急抢修、应急救援等，相关工作主要在车场以及正线相关区域内完成。列车类复合岗位示意图如图3-1所示。

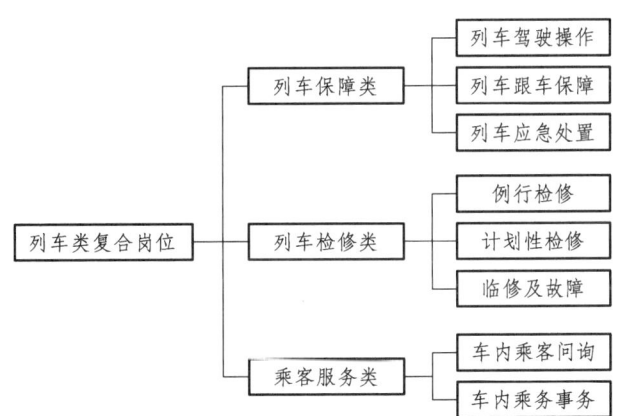

图3-1　列车类复合岗位示意图

（2）车场类复合岗位业务主要由车场运作、施工管理、属地管理、车辆基地应急抢险、车辆检修调度、车辆工艺设备检修调度以及列车运转派班调度等构成，主要工作场所为车辆基地。车场类复合岗位示意图如图3-2所示。

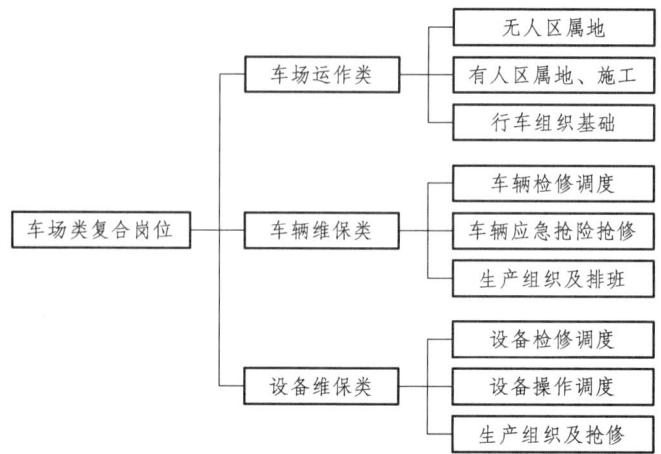

图3-2　车场类复合岗位示意图

（3）车站类复合岗位业务主要由站台客服、站台巡视、站台作业监控、列车及站台应急处置等构成，主要工作场所为车站，并以站台层为主。车站类复合岗位示意图如图3-3所示。

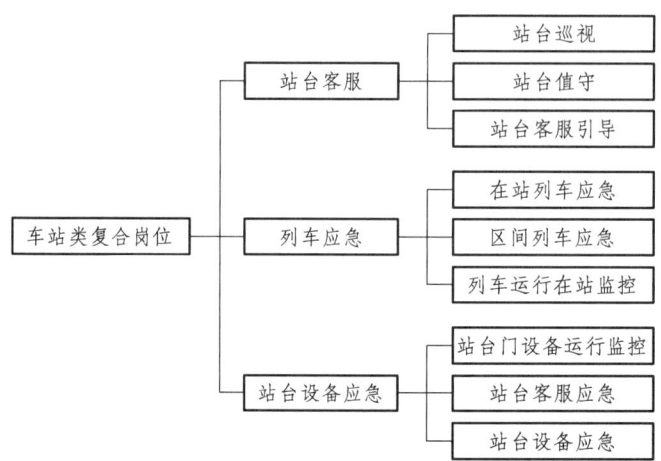

图3-3　车站类复合岗位示意图

（4）调度类复合岗位业务主要按业务分类开展，其中设备类宜包含电环调度、车辆调度、维修调度等岗位的各类行车设备或影响行车的设备运行监控，组织故障维修、应急抢修等；行车类宜包含行车调度、信号楼值班调度（场段行车调度）、车场调度（行车部分）等调度岗位的正线行车组织、场段行车组织、首发车计划、场段运作、施工等构成，主要工作场所为控制中心。调度类复合岗位示意图如图3-4所示。

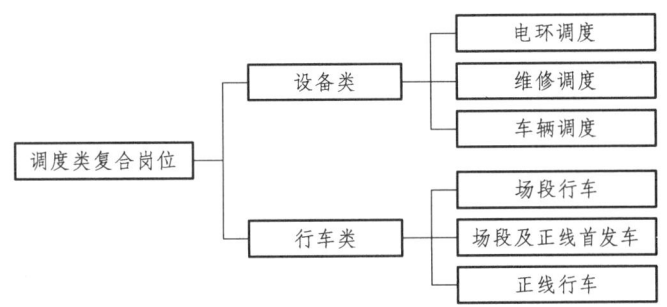

图3-4　调度类复合岗位示意图

（四）复合技能等级发展方向

复合岗位的培养必须考虑其职业发展通道，各岗位因构成人员不同，在全自动运行线路开通初期（DTO模式及以下）和运营成熟期（UTO模式运行），统一持证上岗标准。各复合岗位职业技能总体向多职能复合型人才方向探索，岗位职级相关管理制度应充分考虑复合岗位特殊性，制定可持续的管理要求和标准。

1. 车场类复合岗位

可考虑单独设置岗位职类，建立单独的岗位三标和上岗标准，一个岗位对应一个职级，分别设置调度员、调度长两个职级。其中调度员原则上以遴选方式从车辆、车场等相关岗位中选取，在担任调度员满足相关年限要求后可申报晋级调度长。调度类的复合岗位可以鼓励具有较好的统筹协调能力和专业技术能力的专业技术类人员担任。

2. 列车类复合岗位

采用列车类岗位复合模式时，岗位职级分类应在被复合的专业岗位中按就高原则实施，复合岗位人员上岗资格应制定单独的岗位三标的上岗标准，可考虑其在复合专业范围内多通道晋级晋升的可行性。列车类复合岗位生产班组应设置检修工\应急员、组长、工班长等岗位进行分级管理，提高管理效能。列车类复合岗位宜在原岗位为轨道列车司机或车辆检修工岗位中遴选，选取学习能力强、业务能力强的人员开展培养。

3. 站务类复合岗位

在UTO阶段运行时，可采用站务类岗位复合列车类岗位的模式，岗位职级分类应在被复合的专业岗位中按就高原则实施，复合岗位人员上岗资格应制定单独的岗位三标的上岗标准，可考虑其在复合专业范围内多通道晋级晋升的可行性。站务类复合岗位生产班组应设置应急员\站务员、值班站长\工班长等岗位进行分级管理，也可组建专门的应急队伍以提高管理效能。站务类复合岗位宜在原岗位为轨道列车司机或站务类岗位中遴选，选取学习能力强、业务能力强的人员开展培养。

4. 调度类复合岗位

采用调度类岗位复合培养时，岗位职级分类应在被复合的专业岗位中按就高原则实施，复合岗位人员上岗资格应制定单独的岗位三标的上岗标准，可考虑其在复合专业范围内多通道晋级晋升的可行性。调度类复合岗位生产班组应设置调度员、调度长/值班主任等岗位进行分级管理，提高管理效能。调度类复合岗位宜在原岗位为相关专业调度的岗位中遴选，选取学习能力强、业务能力强的人员开展培养。

各类复合岗位培养可参照表3-1、表3-2开展针对性研究。

表3-1 复合岗位总体培养建议标准

岗位分类	岗位方向	培养建议标准		培训周期		
		培训主要科目	培训主要方式	新员工	跨专业	专业内
车场类	场段运用调度、DCC调度等	行车类、施工类、维保类、应急类相关业务和技能	理论教学与跟岗实操相结合	≥12个月	≥8个月	≥4个月
列车类	车辆运用检修工、列车员等	行车类、车辆维保类、应急类相关业务知识和车辆检修、车辆驾驶、应急处置等相关技能	理论教学与跟岗实操相结合			
站务类	站务员、列车应急人员等	行车类、客运类、应急类相关业务知识和车辆驾驶、应急处置等相关技能	理论教学与跟岗实操相结合			
调度类	行车调度、车辆调度、系统调度等	行车类、调度类、施工类、设备类、应急类等相关业务知识和技能	理论教学与跟岗实操相结合			

表3-2 复合岗位总体培养建议标准

岗位类别	专业方向	复合岗位	岗位来源	取证要求	培训科目	培训方式 理论	培训方式 实操	培训周期	鉴定标准 理论（学分）	鉴定标准 实操（学分）
车场类	车辆乘务	检修调度、设备调度、派班调度、车场调度（施工管理职能）	车辆检修工、检修调度、设备检修工、工程车检修工、设备调度、车场调度、电客车司机等	全员	安全知识	●	/	≥4个月	≥90	/
					车辆知识	●	/		≥70	/
					设备知识	●	/		≥65	/
					工程车知识	●	/		≥65	/
					施工管理	●	●		≥80	≥60
					场段管理	●	●		≥80	≥60
					生产管理	●	●		≥90	≥60
					应急管理	●	●		≥90	≥60
列车类	车辆乘务	车辆检修工电客车司机	车辆检修工、电客车司机等	全员	安全知识	●	/	≥8个月	≥90	/
					车辆知识	●	/		≥70	/
					行车知识	●	/		≥90	/
					信号通信	●	/		≥70	/
					作业规范	●	●		≥90	≥90
					驾驶技能	/	●		≥90	≥90

续表

岗位类别	专业方向	复合岗位	岗位来源	取证要求	培训科目	培训方式 理论	培训方式 实操	培训周期	鉴定标准 理论（学分）	鉴定标准 实操（学分）
					故障处置	●	●		≥90	≥90
					检修技能	/	●		≥65	≥60
车站类	车辆车站设备站务	站务员、电客车司机	站务员、电客车司机	全员	安全知识	●	/	≥8个月	≥90	/
					车辆知识	●	/		≥70	/
					行车知识	●	/		≥90	/
					信号通信	●	/		≥70	/
					作业规范	●	●		≥90	≥90
					驾驶技能	/	●		≥90	≥90
					客运服务	●	●		≥90	≥90
					车站设备	●	●		≥65	≥60
调度类	设备类	车辆调度、维修调度、电环调度	各工种检修工、设备调度、生产调度、车站生产岗全员	全员	安全知识	●	/	≥8个月	≥90	/
					车辆知识	●	/		≥70	/
					行车知识	●	/		≥90	/
					自动化设备	●	/		≥90	/
					工电类设备	●	/		≥90	≥90
					车站设备	●	/		≥90	≥90

续表

岗位类别	专业方向	复合岗位	岗位来源	取证要求	培训科目	培训方式		培训周期	鉴定标准	
						理论	实操		理论（学分）	实操（学分）
行车类	行车调度、车场调度、信号楼值班调度		各类行车岗位	全员	工作流程	●	●		≥90	≥90
					工作站操作	●	●		≥90	≥90
					车场行车及运作	●	●		≥90	≥90
					正线行车及运作	●	●		≥90	≥90
					行调全部业务	●	●		≥90	≥90

四、复合岗位验收

一般情况下，复合岗位验收应包括上岗资格鉴定与准入评估验收两种类型，均需制定明确的验收标准和验收方式。

（1）上岗资格鉴定应在上岗培训期结束后进行，作为检验复合岗位人员掌握该岗位的基础理论和基础技能的主要方式，多岗位复合的，应明确所有岗位上岗鉴定标准，可结合组织架构、岗位设置、岗位职责和运营生产组织情况制定差异化鉴定标准。

（2）准入评估验收应在上岗资格鉴定结束后进行，作为检验复合岗位人员差异化业务技能掌握情况、关键技能掌握情况和上岗作业能力的主要方式，应以实操验收为主。

各类复合岗位准入评估验收可参照表3-3开展针对性研究。

表3-3 复合岗位培养建议标准

岗位分类	岗位方向	评估标准				
		上岗资格评估		准入评估		
		评估内容	评估方式	评估内容	评估周期	评估方式
车场类	场段运用调度、DCC调度等	行车类、施工类、维保类、应急类相关业务和技能	理论+实操	调度指挥、应急处置等核心技能	≥4个月	实操
列车类	车辆运用检修工、列车员等	行车类、车辆维保类、应急类相关业务知识和车辆检修、车辆驾驶、应急处置等相关技能	理论+实操	车辆检修、车辆驾驶、应急处置等核心技能	≥4个月	实操
站务类	站务员、列车应急人员等	行车类、客运类、应急类相关业务知识和车辆驾驶、应急处置等相关技能	理论+实操	客运服务、车辆驾驶、应急处置等核心技能	≥4个月	实操
调度类	行车调度、车辆调度、系统调度等	行车类、调度类、施工类、设备类、应急类等相关业务知识和技能	理论+实操	行车调度、设备调度等核心技能	≥1个月	试岗

第三节 行车关键专业人员培养要点

全自动运行线路的运作模式对行车专业人员要求更高，考虑到不同城市全自动运行线路对调度、乘务、站务专业都有不同的复合方向和复合要求，相应的运营岗位设置、工作职责、工作场所和界面等都会有不同程度的差异，因此本节内容对调度专业、站务专业及乘务专业三个行车关键专业的培养模式、培养标准进行描述，运营管理单位可结合自身的复合岗位设置原则将各专业的培养内容纳入对应的复合岗位要求。

全自动运行线路行车关键专业人员培养，应对培养人员的来源、培养方式、培训和验收标准等进行差异化梳理，明确要点，制定适用的培训制度，编制适用的培训教材，合理组织岗位人才培养，循序渐进地推进相关工作。

一、调度专业人员培训

全自动运行线路中央设备集成度高，联动场景复杂，为确保调度员在故障情况设备操作高效、准确，调度专业人员培训需紧密围绕全自动运行系统理念及各项运营场景，从规章制度、设备构成、功能差异、设备实操、应急预案等方面开展专项培训。

（一）培训原则

调度专业人员相比站务、乘务专业的人员体量小，但全自动运行系统中央设备的功能更显丰富，行车故障的处置更加复杂，培养难度提升。因此，调度专业的人员培养应以业务技能保持与提升为主线，结合筹备运营不同时期的重点工作，开展针对性地强化培训科目。

（二）培训阶段建议

（1）轨行区接管前，可开展轨行区接管理论培训和现场踏勘，对临管期行车组织类规章、行车组织注意事项及施工组织开展培训。此阶段由于各系统还处于安装调试期，调度专业人员可开展基础知识培训，包含全自动线路场景文件及系统设备基础知识培训。

（2）轨行区接管后，设备进入集中调试期，中央各项设备功能逐步完善，为了使调度专业人员尽早地进入运营管理状态，快速提升业务水平，应组织开展行车组织规则、施工组织细则、调度专业现场处置方案等规章培训和设备使用培训，并按照运营标准进行验收。

（3）空载期间，调度、站务、乘务专业人员已基本到位，系统调试已进入消缺收尾阶段。为了确保调度专业人员更加全面掌握涉及本线的规章制度，同时对前期梳理的规章进行优化完善，应开展"全员、全过程、全覆盖"的场景演练和设备实操培训，提升调度员实操水平，验证调度专业现场处置方案可行性，并强化中央与现场不同岗位间的沟通协调及应急处置能力。

（4）正式进入运营期后，为保证调度专业人员业务水平及各项差异化技术标准有效落实，应重点开展回炉培训和故障实战演练，提升调度专业人员核心技能，培训内容应包括但不限于行车组织细则、设备功能限制条件、典型事件及设备操作培训等，运营期的培训是不断夯实培训基础的过程，结合前期培养科目及培养效果的验证，应在运营期形成标准化培训课程体系，并以此开展新员工培训。

（三）标准化培训课程体系

调度专业标准化培训课程体系除了制定标准课程与培训内容以外，应按照安全教育、理论培训、设备实操培训、现场跟岗开展，员工培训完毕按照理论考试、设备实操、实战演练的验收模式，高标准开展鉴定工作。其中，理论考试采用闭卷笔试的方式，检验调度岗位人员的基础业务水平；实操考试采用现场实际操作的方式，内容覆盖信号工作站、CCTV、调度电话、综合监控工作站等，全面复盘调度岗位人员的设备实操技能；应急演练采用现场模拟故障演练的方式，通过设置故障场景或应急场景，从应急预案、安全卡控、调度命令及行车调整等方向评估调度岗位人员的综合应急能力。相关培训内容详见表3-4。

表3-4 调度人员培训内容

项目	培训内容	所需时长	培训重点内容
安全教育	三级安全教育	24课时	1．安全生产架构及人员职责。 2．安全生产情况及安全生产基本知识。 3．安全生产规章制度和劳动纪律。 4．调度从业人员安全生产权利和义务。 5．安全案例分析
安全教育	车间级安全教育	8课时	1．工作环境及危险因素。 2．所从事工种可能遭受的职业伤害和伤亡事故。 3．所从事工种的安全职责、操作技能及强制性标准。 4．自救互救、急救方法、疏散和现场紧急情况的处理。 5．安全设备设施、个人防护用品的使用和维护。 6．OCC安全生产状况及规章制度。 7．预防事故和职业危害的措施及应注意的安全事项。 8．有关事故案例
各调种基础知识培训	线网行车组织规则	0.5天	1．对线网行车指挥组织原则和线网行车组织架构和工作模式有清楚的认识。 2．掌握行车调整方法、运营调整时的行车作业、特殊行车作业的相关规定及其应用细节
	线网调度管理规则	0.5天	1．熟知调度岗位职责，掌握OCC、COCC各调种工作职责和与行调的工作接口，掌握行车调度的日常工作内容以及部分重点工作的工作细节，熟知各项调度安全管控手段。 2．掌握OCC大厅现有设备及功能，掌握行车调度工作涉及的相关编号方法

续表

项目	培训内容	所需时长	培训重点内容
各调种基础知识培训	行车组织细则	3天	1．初步掌握分配线路的线路特点。 2．细化并进一步掌握行车调整方法、运营调整时的行车作业、特殊行车作业的处置方法。 3．初步掌握列车救援相关规定，并了解分配线路的救援路径的设置逻辑
	各调度手册	1天	1．掌握本岗位必知、必会相关内容
	标准调度命令	0.5天	1．细化并熟知各类型调度命令的编写方法及要点，能够独立编写全部常用调度命令。 2．细化并熟知各类型口头指示的标准发令方法和注意事项，养成标准发令的良好习惯
	信号系统基础（行调学习）	6天	1．掌握信号系统基本概念、基础知识和常用功能。 2．差异化掌握ATS上各元素、显示内容（如计轴颜色、道岔表示等）的意义，能够通过ATS显示进行故障判断。 3．初步了解ATS设备常用功能、使用方法及要求、注意事项。 4．进一步掌握行调工作中与车站值班员、车场调度等岗位的工作接口和注意事项
	供电基础、环控及消防基础（电调学习）	1天	1．结合电调相关内容，对供电、环控等电力调度相关知识及规定有初步了解。 2．掌握分配线路的供电区域划分情况，对供电方式有初步了解。 3．掌握消防相关基础知识和规定，进行消防安全培训教育。 4．进一步掌握行调工作中与电调、维调、信息调度等岗位的工作接口和注意事项。

续表

项目	培训内容	所需时长	培训重点内容
各调种基础知识培训	线网施工检修管理规则	1天	1．了解施工管理组织机构及职责，熟知行调岗位在施工过程中的工作内容、工作流程和岗位职责。 2．初步了解施工调度管理系统常用功能、使用方法及要求、注意事项。 3．掌握施工分类、施工方案、施工运转流程等施工基础知识。 4．进一步掌握行调工作中与施工检修人员、维保工班的工作接口和注意事项
	车辆基础知识	2天	1．掌握地铁车辆的种类、参数、常用设施设备等基础信息。 2．掌握常见车辆类故障及对应行调岗位应急处置方法。 3．进一步掌握行调工作中与乘务、检修调度等岗位的工作接口和注意事项
	各调种跟岗学习（白）（CCTV、调度电话、综合监控系统、PSCADA系统实操学习）	3天	1．能够使用CCTV监控系统调取指定摄像头画面，掌握实况上墙、回放、预设模式切换等常用功能。 2．能够使用调度台、调度电话、800M、单兵系统与现场进行沟通，掌握临时会议、多选派接、紧急呼叫等常用功能。 3．能够使用综合监控系统、PSCADA系统调取查看指定信息，掌握一次图、站台门状态等内容的查看方法
	各调种跟岗学习（夜）（施工调度系统实操学习）		1．能够使用施工调度系统完成行调日常工作内容，掌握使用系统进行请/销点、停/送电、运营前检查、列车转场转线等常用功能的使用方法

续表

项目	培训内容	所需时长	培训重点内容
各调应急处置培训	各调种跟岗学设备实操	1天	1. 各调种能够结合设备实际情况，详细了解并熟知本岗位设备工作站不同元素的功能及含义。 2. 了解学习本岗位各工作站的操作及使用
	综合应急预案、应急管理制度	1天	1. 掌握公司突发应急事件工作原则和基本思路，掌握突发事件的等级分类，掌握公司的应急体系架构。 2. 掌握公司的预警等级和不同等级下的执行要求，掌握公司应急情况下的信息报送体系和流程
	行车突发事件专项应急预案	1天	1. 初步掌握各类正线行车突发事件的处置原则和基本流程，为后续细化进行专项预案学习打下基础
	大客流应急预案、客运突发事件专项应急预案	1天	1. 初步掌握各类客运客服突发事件的处置原则和基本流程，为后续细化进行专项预案学习打下基础。 2. 掌握大客流情况下行调的行车组织方法
	列车救援方法	1天	1. 细化并熟知列车救援的条件、分配线路的救援路径、执行救援的要求。 2. 掌握列车救援的应急处理流程，尝试进行列车EB不缓等涉及列车救援的应急演练
	道岔故障处置方法	1天	1. 细化并熟知道岔故障处置方法，重点掌握授权列车越红灯的时机、前置条件及命令发布。 2. 掌握车道岔故障的应急处理流程，尝试进行道岔红闪等涉及道岔故障的应急演练

续表

项目	培训内容	所需时长	培训重点内容
各调应急处置培训	接触网故障处置方法	1天	1．细化并熟知接触网异物、接触网失电等接触网供电故障的处置方法和相关规定，掌握初步判断弓网故障的方法和接触网故障情况下的安全卡控要点和注意事项（含换弓运行的组织），掌握区间疏散的方向和流程。 2．掌握接触网故障下的应急处理流程，尝试进行接触网异物、接触网失电等涉及接触网故障的应急演练
	站台门系统故障应急处理指南	1天	1．细化并熟知车门、站台门类故障的处理方法及安全卡控要求，了解初步判断故障原因的方法和技巧，熟知车门与站台门不能联动处置流程。 2．掌握车门、站台门故障的应急处理流程，尝试进行全列（多个）站台门无法联动时的开启等涉及车门、站台门故障的应急演练
	电话闭塞行车组织办法	1天	1．细化并熟知电话闭塞法启用条件、相关规定、执行要求、技术细节。 2．掌握电话闭塞法的应急处理流程，尝试进行联锁区灰显等涉及启用电话闭塞法的应急演练
	自然灾害专项应急预案	1天	1．细化并熟知地震、冰雪、大雾等自然灾害情况下的行车调整方法和相关规定。 2．掌握各自然灾害情况下的应急处理流程，尝试进行大雾天气等涉及自然灾害的应急演练
	汛灾专项应急预案	1天	1．细化并熟知防汛基本知识和管理办法、汛灾行车调整相关要求，掌握水位高度线，警戒线的标识及含义，熟知五步法等汛灾应急处理流程，强化员工防汛意识。 2．掌握汛灾情况下的应急处理流程，尝试进行区间进水等涉及汛灾的应急演练

续表

项目	培训内容	所需时长	培训重点内容
各调应急处置培训	火灾专项应急预案	2天	1．细化并熟知列车/站台火灾下的应急处置方法和处置要点，掌握区间紧急疏散的原则及应急处理，了解各OCC疏散方案，强化员工消防意识。 2．掌握火灾情况下的应急处理流程，尝试进行列车区间火灾、站台火灾等涉及火灾的应急演练
	列车脱轨处置方法	1天	1．细化并熟知列车挤岔、列车脱轨下的应急处置方法和处置要点。 2．掌握列车脱轨情况下的应急处理流程，尝试进行列车脱轨应急演练
	区间进人处置方法	1天	1．细化并熟知不同人员发现区间进人/疑似进人等不同情况下的处理流程。 2．掌握区间进人情况下的应急处理流程，尝试进行司机发现区间进人等涉及区间进人的应急演练
	突发新冠疫情应急预案	1天	1．了解控制中心各岗位防疫措施，细化并熟知出现车站、列车突发新冠疫情等情况下的处理流程及相关规定，树立员工防疫意识，强调公司相关防疫规定。 2．掌握突发新冠疫情时的应急处理流程，尝试进行列车出现新冠确诊患者等涉及突发新冠疫情情况的应急演练
	调度专业应急处置方案	5天	掌握前期专项应急预案培训未涉及的其他故障、应急情况的处置流程，对行调常见风险点和安全卡控措施有一定认识，掌握行调处置故障的基本要求和基本理念
	线网信息管理规则	1天	结合前期培训应急处置预案，掌握不同应急情况下行调对于信息了解、通报、记录的重点内容、优先级别、发布技巧

续表

项目	培训内容	所需时长	培训重点内容
各调应急处置培训	各调跟岗学习（日）信息沟通与调令发布实操学习	1天	1．结合现场实际情况，了解行调工作中需要确认的信息，学习在岗行调在信息确认时的技巧。 2．现场学习行调常用调度命令的编写和发布，尝试在岗行调指导下发布一些常用口头指示
	安全风险分级管控和隐患排查治理双重预防管理制度、安全事故案例教育	1天	1．熟知风险和隐患的概念和分级，了解公司关于风险辨识和隐患排查的相关规定和基本理念，培养员工主动进行风险辨识和隐患排查的能力。 2．下班组跟岗前掌握对班组重点安全风险点
现场跟岗学习	跟岗行车值班员、DCC调度、车上值守人员等有工作接口的外单位岗位	12天	1．掌握站务员日常作业内容及流程。 2．掌握站台门常用功能及PSL盘操作，并从站务员的角度学习并掌握车站常见突发事件应急处置流程。 3．熟知行车调度日常工作与站务员的接口
			1．掌握行车值班员日常作业内容及流程。 2．掌握车站信号工作站基本功能及操作，掌握防淹门控制室（若有）设置及现场确认流程等现场设备工作内容，并从行车值班员的角度学习并掌握车站常见突发事件应急处置流程。 3．熟知行车调度日常工作与行车值班员的接口

续表

项目	培训内容	所需时长	培训重点内容
现场跟岗学习	跟岗行车值班员、DCC调度、车上值守人员等有工作接口的外单位岗位	12天	1．掌握值班站长日常作业内容及流程。 2．掌握车站各类常用设施设备基本功能及操作，并从值班站长的角度学习并掌握车站常见突发事件应急处置流程。 3．熟知行车调度日常工作与值班站长的接口
			1．掌握电客车司机日常作业内容及流程。 2．掌握电客车运行方式、设施设备和驾驶基本知识，并从电客车司机的角度学习并掌握电客车常见故障处置流程。 3．熟知行车调度日常工作与电客车司机的接口
			1．掌握乘务卡控、组、队长日常作业内容及流程。 2．掌握乘务卡控、组、队长在出现常见电客车故障处置流程，对能够由乘务班组管理岗位对司机进行协助处置的故障内容和协助处置方式有一定认识。 3．熟知行车调度日常工作与电客车司机的接口
师徒带教	调度岗位业务技能学习、行车专项应急演练教学	3个月	详见师徒带教手册

二、站务专业人员培训

全自动运行线路站务人员培训应重点围绕全自动系统架构下的站务岗位职责、行车组织差异、现场处置要求和服务提升要点展开，根据地铁全自动运行线路筹备运营的四个阶段（轨行区接管期、车站接管期、空载期、运营期），针对性地开展理论、实操培训，加强站务人员全自动系统下的岗位认知、设备差异化实操技能及应急联动保障能力，确保全自动运行线路行车组织有序、客运服务优良。

站务人员培训需紧密围绕全自动运行线路站务专业培养原则和全自动运行线路站务专业培养标准，结合人员到岗情况分阶段开展。

（一）培养原则

全自动运行线路站务专业培养原则主要根据线路人员到岗情况及全自动运行线路不同运营阶段，针对性、分批次开展培训工作，在常规线路核心技能基础上，帮助员工"认识差异""理解差异""掌握差异"，做到"有差异必培训"，做好差异化区分培训。

1. 以常规线路核心技能为基础

围绕常规线路核心技能关键项，打好坚实的业务基础，完成站台门故障处理、人工办理进路、电话闭塞组织行车、信号工作站操作、施工作业办理、综合监控及IBP操作等六个部分的强化培训，要求全员必须掌握到位，逐人逐项评估过关，增强员工岗位核心价值。

（1）分类培训。

按专业分类，梳理各专业培训要点，以核心技能和日常培训相结合，通过滚动培训、重点培训、复盘培训，不断提升员工技能水平。

（2）搭建体系。

以理论和实操相结合的培训方式，并按照"每月一验，每半年覆盖全部科目"为固定周期，搭建技能提升体系。

（3）分级评估。

按员工岗位、职级分类分级评估，对不同岗位、不同职级员工实施标准化验收、差异化评价，做到分级管理，评估公平。

（4）效果检验。

科学、合理利用培训验收结果，员工培训效果为员工日常考核、年度绩效、评优评先提供有力依据，同时为站区培训工作效果提供评定依据。

2. 做好全自动运行线路差异化区分培训

紧紧围绕"全自动运行线路场景文件"，选取与站务人员相关的正常场景、故障场景及应急场景，通过现场教学、视频教学、线上培训、实战演练等多种方式，开展全自动运行线路站务人员岗位职责和处置流程的差异化培训，做好差异化区分培训，形成基于场景开展日常工作、进行应急处置的场景化思维，确保车站运作有序。

差异化培训重点从核心技能差异化和设备操作差异化两个方面开展，主要包括全自动运行信号系统、站台门、清客按钮、SPKS功能及操作等设备差异。车站设备差异内容强化及回炉培训，需贯穿站务人员在全自动运行线路各个时期。差异化培训的区分可参照表3-5。

表3-5 全自动运行线路差异化培训区分表

序号	类别	标准化/差异化	培训课程	培训方式
1	安全类	标准化	安全教育培训	理论
2		标准化	车站及轨行区环境现场踏勘	理论
3		标准化	防汛培训	理论
4	全自动运行差异类	差异化	9号线全自动运营场景	理论
5		差异化	站台门系统及故障应急处置	理论+实操
6		差异化	站台门系统及故障应急处置回炉培训	理论+实操
7		差异化	综合监控及IBP操作	理论+实操
8		差异化	综合监控及IBP操作回炉培训	理论+实操

续表

序号	类别	标准化/差异化	培训课程	培训方式
9	业务类	差异化	全功能测试及综合联调培训	理论
10	业务类	标准化	施工作业办理	理论
11	业务类	标准化	施工作业办理回炉培训	理论
12	业务类	标准化	新线筹备管理办法	理论
13	业务类	标准化	新线问题库检查内容培训	理论
14	业务类	标准化	新线入驻方案、临时管理办法培训	理论
15	业务类	标准化	行车组织规则及细则	理论
16	业务类	标准化	电话闭塞法组织行车及调车作业办法培训	理论
17	业务类	标准化	入驻期间施工检修管理规定及施工安全管理、施工系统（纸质台账填写）	理论
18	业务类	标准化	运营生产管理系统培训	理论
19	业务类	标准化	运营施工系统培训	理论
20	业务类	标准化	电扶梯困人、夹人、客伤等应急处置培训	理论
21	业务类	差异化	滑动门夹人夹物、无法正常开关应急处置培训	理论
22	业务类	标准化	站务应急处理程序及案例分析、降级行车模式下路票填写	理论
23	业务类	标准化	站细、一站一预案、客运组织方案	理论
24	业务类	标准化	车站大面积失电应急处置培训	理论

续表

序号	类别	标准化/差异化	培训课程	培训方式
25		标准化	票务应急处置程序	理论
26		标准化	票务规章	理论
27		标准化	票务、服务相关规章培训	理论
28		差异化	信号工作站	理论+实操
29		标准化	人工办理进路	理论+实操
30		差异化	卷帘门、电扶梯培训	理论+实操
31		差异化	AFC设备操作培训	理论+实操
32		差异化	800M手持台、设备房可视化监控差异化培训	理论
33		差异化	消防设备、气灭系统	理论+实操
34	设备操作类	差异化	人防门、防淹门	理论+实操
35		标准化	异物棒使用培训	理论+实操
36		差异化	综合监控	理论+实操
37		差异化	火灾自动报警系统	理论+实操
38		差异化	门禁系统	理论
39		差异化	广播系统	理论+实操
40		差异化	乘客求助报警系统	理论
41		差异化	CCTV及公安监控设备查询	理论
42		差异化	票务设备及票务系统操作	理论+实操
43		差异化	信号工作站回炉培训	理论+实操

续表

序号	类别	标准化 差异化	培训课程	培训方式
44		标准化	人工办理进路回炉培训	理论+实操
45		差异化	AFC设备操作回炉培训	理论+实操
46		标准化	电话闭塞法组织行车及调车作业办法回炉培训	理论

（二）培养标准

全自动运行线路站务专业培养标准将以"技能提升"为主线，将岗位必知必会、应知应会纳入常态化基础知识培训，全面夯实生产人员实操及应急处置能力，提升生产人员发现及解决问题能力，细化各岗位培养要求及验收标准，建设全自动运行线路培养标准，最大程度提升员工任职能力，稳步推进运营期"全自动人才"提升培养工作。

1. 基础知识

（1）基础业务类：① 行车基础业务；② 票务基础业务。

（2）差异化业务类：① 全自动运营场景；② 站台门系统应急处理指南；③ 综合监控及IBP操作；④ 信号工作站；⑤ 设备房可视化监控差异化培训。

（3）应急处置培训：① 行车应急处理程序及案例分析；② 票务应急处置程序及案例分析。

2. 岗位要求

全自动运行线路站务人员除必须取得相应岗位上岗资格证外，还须通过全自动运行线路差异化能力鉴定。

（1）站务专业上岗资格鉴定。

上岗资格鉴定科目包括理论和实作两项科目，理论考试原则上采用上机考试方式开展，涉及行车安全的值班员增加信号工作站科目的鉴定考试，其培养周期及鉴定通过标准可参照表3-6和表3-7开展。

表3-6 站务专业总体培养周期

岗位序列	岗位	培养标准		培训周期		
		培训主要科目	培训主要方式	新员工	跨专业	专业内
客运	站务员	行车类、服务类、客运服务及票务、AFC跨专业检修、EUM监控员培训、全自动运行差异化培训、应急类相关业务和技能、站务专业核心技能、站务员必知必会	理论教学与跟岗实操相结合	≥12个月	≥8个月	≥4个月
	值班员	行车类、服务类、客运服务及票务、AFC跨专业检修、EUM监控员培训、信号工作站、全自动运行差异化培训、应急类相关业务和技能、站务专业核心技能、值班员必知必会	理论教学与跟岗实操相结合			
	值班站长	行车类、服务类、客运服务及票务、AFC跨专业检修、EUM监控员培训、信号工作站、全自动运行差异化培训、应急类相关业务和技能、站务专业核心技能、值班站长必知必会	理论教学与跟岗实操相结合			

表3-7 站务专业培养鉴定通过标准

岗位序列	岗位	培训科目	培训方式	鉴定标准 理论（分）	鉴定标准 实操（分）
客运	站务员	三级安全教育培训	A	/	/
		票务廉洁教育培训及保密警示教育案例培训	A	/	/
		服务类规章及典型案例汇编培训	A	/	/
		行车类规章及典型案例培训	A	/	/
		站务员岗位必知必会	A	≥85	≥85
		行车基本操作	B	/	/
		客运服务及票务	A+B	/	/
		核心技能培训+评估	B	/	≥90
		全自动运行差异化培训及鉴定（9号线全自动运营场景、站台门系统及故障应急处置）	A+B	≥90	≥90
		AFC跨专业检修培训+评估	A+B	≥85	≥85
		非限制人工驾驶模式EUM监控员培训+评估	A+B	≥85	≥85
		上岗资格证理论+实操考试	A+B	≥60	≥60
	值班员	三级安全教育培训	A	/	/
		票务廉洁教育培训及保密警示教育案例培训	A	/	/

续表

岗位序列	岗位	培训科目	培训方式	鉴定标准 理论（分）	实操（分）
客运	值班员	服务类规章及典型案例汇编培训	A	/	/
		行车类规章及典型案例培训	A	/	/
		站务员岗位必知必会	A	≥85	≥85
		行车基本操作	B	/	/
		客运服务及票务	A+B	/	/
		核心技能培训+评估	B	/	≥90
		全自动运行差异化培训及鉴定（9号线全自动运营场景、站台门系统及故障应急处置、综合监控及IBP操作、信号工作站、设备房可视化监控差异化培训、一键开关站）	A+B	≥90	≥90
		AFC跨专业检修培训+评估	A+B	≥85	≥85
		非限制人工驾驶模式EUM监控员培训+评估	A+B	≥85	≥85
		上岗资格证理论+实操考试	A+B	≥65	≥60
	值班站长	三级安全教育培训	A	/	/
		票务廉洁教育培训及保密警示教育案例培训	A	/	/
		服务类规章及典型案例汇编培训	A	/	/
		行车类规章及典型案例培训	A	/	/

续表

岗位序列	岗位	培训科目	培训方式	鉴定标准 理论（分）	鉴定标准 实操（分）
客运	值班站长	站务员岗位必知必会	A	≥85	≥85
客运	值班站长	行车基本操作	B	/	/
客运	值班站长	客运服务及票务	A+B	/	/
客运	值班站长	核心技能培训+评估	B	/	≥90
客运	值班站长	全自动运行差异化培训及鉴定（9号线全自动运营场景、站台门系统及故障应急处置、综合监控及IBP操作、信号工作站、设备房可视化监控差异化培训、一键开关站）	A+B	≥90	≥90
客运	值班站长	AFC跨专业检修培训+评估	A+B	≥85	≥85
客运	值班站长	非限制人工驾驶模式EUM监控员培训+评估	A+B	≥85	≥85
客运	值班站长	上岗资格证理论+实操考试	A+B	≥60	≥60

注：A代表理论培训，B代表实操培训。

（2）全自动运行线路差异化能力鉴定。

全自动运行线路站务人员通过上岗资格证鉴定后，还需进行差异化能力鉴定，该部分从核心技能差异化和设备操作差异化两个方面完成。

三、乘务专业人员培训

轨道交通全自动运行线路的乘务人员配置因各地运营生产管理模式不同而

存在岗位名称上的差异，但总体而言，无论是采用何种模式，具有乘务职能的岗位人员仍是全自动运行线路必不可少的关键岗位，因此，对于该岗位的人员培养需要比较具有系统性、规范化的方式方法来完成。

（一）培训标准

全自动运行线路的人员培训不仅需要满足国家标准要求，还要满足轨道交通线路开通运营安全评估标准的普遍性和强制性要求。其中，具有乘务职能的人员，其岗前接受理论培训的总课时不应少于300课时/人，跟岗实操培训不少于3个月/人；具有手动驾驶经验且运营里程累计不少于5 000 km/人。

（二）培训科目

全自动运行线路乘务人员培训科目应结合实际生产需要和线路特点，主要包括列车驾驶技能、列车整备、列车救援、车辆故障应急处置、降级运行以及各类涉及列车运行的紧急突发事件应急处置等常规项目，还应包括全自动运行场景、多系统设备联动场景以及多专业故障联动应急处置等内容。

（三）培训方式

全自动运行线路乘务人员的培训方式应包括课堂教学和跟岗实操带教两种方式，条件具备的线路，应充分应用情景式教学和实战化演练等方式巩固、提升培训效果。

1. **课堂教学**

培训单位可组织受训人员以课堂集中教学的方式开展培训，以规章制度宣贯、操作流程讲解、关键知识点剖析、案例分析、重点答疑等为主要内容。

2. **跟岗实操培训**

培训单位应组织乘务相关业务生产岗位开展跟岗实操培训，主要以师徒带教、实战化演练等方式开展，以车辆驾驶、车辆故障应急处置、列车应急事件处置为重点，有条件的单位可利用外厂调试（异地调试）、试车线、正线等资源合理组织实训工作。

3. 培训重难点简析

全自动运行线路的乘务专业人员培养相对常规线路更为复杂，且限制条件更多，对生产岗位人员的业务技能水平巩固和提升带来一定的消极影响。例如驾驶技能培训方面，在列车长时间以全自动模式运行时，列车上的乘务人员实际上手操作驾驶列车的时间被大幅压缩。部分采用复合型培养模式的线路，其乘务相关的生产岗位培训任务量大幅增加，培养周期更长，难度更大。全自动运行线路的运营单位应系统梳理乘务相关岗位培养的重难点和差异，找到员工业务技能提升的瓶颈和薄弱环节，采取有效措施提升，或在全自动运行指标和规章、流程等方面做针对性的研究，建立适用的培养模式和管理体系。

（1）车辆驾驶技能培训。

受到车辆全自动运行模式的限制，人工驾驶技能的培训无法做到常规线路的大面积、长时段覆盖，人均每月的驾驶练习数量将出现大幅度下降，对人工驾驶技能的巩固提升造成较大影响。因此，全自动运行线路无论采用DTO或UTO何种模式，都应认真研究人工驾驶的需求，从时间段、频次等方面考虑给予适量的人工驾驶时间，人均每月开展人工驾驶练习的强度不应小于10小时或200公里。

（2）站台作业技能培训。

如上条所述，部分未取消司机室侧门且未取消降级驾驶模式下的乘务人员站台作业职能的线路，应考虑结合人工驾驶练习需求组织站台作业技能巩固和提升。已经取消司机室侧门或取消乘务人员站台作业职能的线路，则不考虑开展此项培训业务。

（3）列车人工整备作业技能。

正常情况下，全自动运行线路的列车均以全自动唤醒的方式开展自检和联合自检，并以此替代司机的人工整备职能。因此乘务人员涉及人工整备列车的作业频次极低，由此可能造成乘务人员人工整备列车的业务技能和流程生疏，当发生需要人工整备列车的情况时，往往影响列车整备质量和运行效率，极端情况可能造成列车带病上线，对运营和客运服务造成影响。基于上述情况，运营单位可结合列车运营出段、段内调车转轨等研究制定周期性的列车人工整备作业计划，使人工整备列车和列车全自动模式上线能有效衔接。

（4）列车降级运行。

运营单位应组织列车在运营时段或非运营时段开展非FAM模式的降级运行演练或技能培训，包括AM、CM、IAM、ICM、EUM等模式，条件具备的线路，EUM模式降级运行应达到人均每季度不少于1次，AM、CM、IAM、ICM模式降级运行应达到人均每月不少于1次。

第四节　本章小结

本章围绕全自动运行线路功能特点，结合运营生产需要和常规线路的运作模式和运作经验，分类列举了岗位设置、复合岗位培养以及关键岗位培训等内容，简明扼要地列出了岗位设置原则、岗位职责、生产岗位培训关键点，细化描述了岗位组成、运作模式、培养标准、验收标准等内容，对全自动运行线路生产岗位进行了系统总结，对城市轨道交通全自动运行线路的架构设置、岗位配置和关键岗位人员培养工作形成了具有指导性的原则和标准。需要指出的是，因各地全自动运行线路的系统工作、运作模式和管理理念存在差异，本章中的相关内容可供参考。随着全自动运行线路的行业标准和规范的日趋齐备和完善，各地运营单位应结合本单位实际情况，严格对标，找准线路差异和重难点，明确工作任务和需求，体系化地开展生产岗位的研究和实践。

第四章 全自动运行线路调试

全自动运行线路系统设备相比常规线路硬件配置和软件功能更加完善，接口更加复杂，因此全自动运行线路的系统调试应更加全面和丰富，同时核心系统的差异化验证分析与调试组织对线路的运营稳定也具有至关重要的作用。本章将对全自动运行线路各个阶段的调试进行梳理，并结合系统差异化分析对核心系统调试、接口调试及系统联调的总体要求、主要内容、组织流程和管理等方面的相关经验进行介绍。

第一节 核心系统调试

全自动系统调试是筑牢全自动运营管理的基石。作为全自动运行线路的核心系统，信号、车辆、综合监控、专用通信和站台门五大系统的调试质量是后续接口功能稳定及场景联动功能实现的基础。一般将核心系统调试分为系统静态调试及动车调试。

一、核心系统静态调试

核心系统设备静态调试（单系统调试）在各个单系统内展开，对信号、车辆、综合监控、专用通信和站台门系统进行全方位性能验证及单系统点位功能测试，使相关设备满足正常工作状态，符合设计标准和合同要求，并确保修程修制、作业指导书及其他相关资料的完整性和可操作性，一般由各系统承包商牵头组织调试。

各系统承包商应制定合理科学的多方调试计划，提高调试效率，并根据计划开展具备条件的点位设备安装及静态调试，稳定系统设备硬件结构、软件功能，核心系统静态调试完成后，应形成相应调试报告，作为动车试验、多方接口调试及系统联调的必要依据。

（一）系统构成及功能验证要求

1. 信号系统

全自动运行信号系统以基于无线连续通信的移动闭塞列车自动控制系统（CBTC）为平台开发而成，其子系统的构成和既有CBTC系统基本相同，如图4-1所示，包括列车自动监控子系统（ATS）、车载ATO/ATP子系统（主要包括车载控制器（VOBC）、唤醒模块（TWU）及其他附属系统）、轨旁ATO/ATP子系统（主要包括区域控制器（ZC）、线路控制器（LC）或数据存储单元（DSU）、轨旁电子单元（LEU）、计算机联锁子系统（CI）、维护支持系统（MSS）、数据通信子系统（DCS）、地面应答器/信标，可靠性和可用性指标大幅提升。信号系统架构如图4-1所示。

信号系统调试应包括ATS、车载ATO/ATP、轨旁ATO/ATP、DCS、电源系统调试及一致性试验，主要可分为轨旁/OCC设备单机系统调试和车载设备静态调试两大部分，测试内容见表4-1。

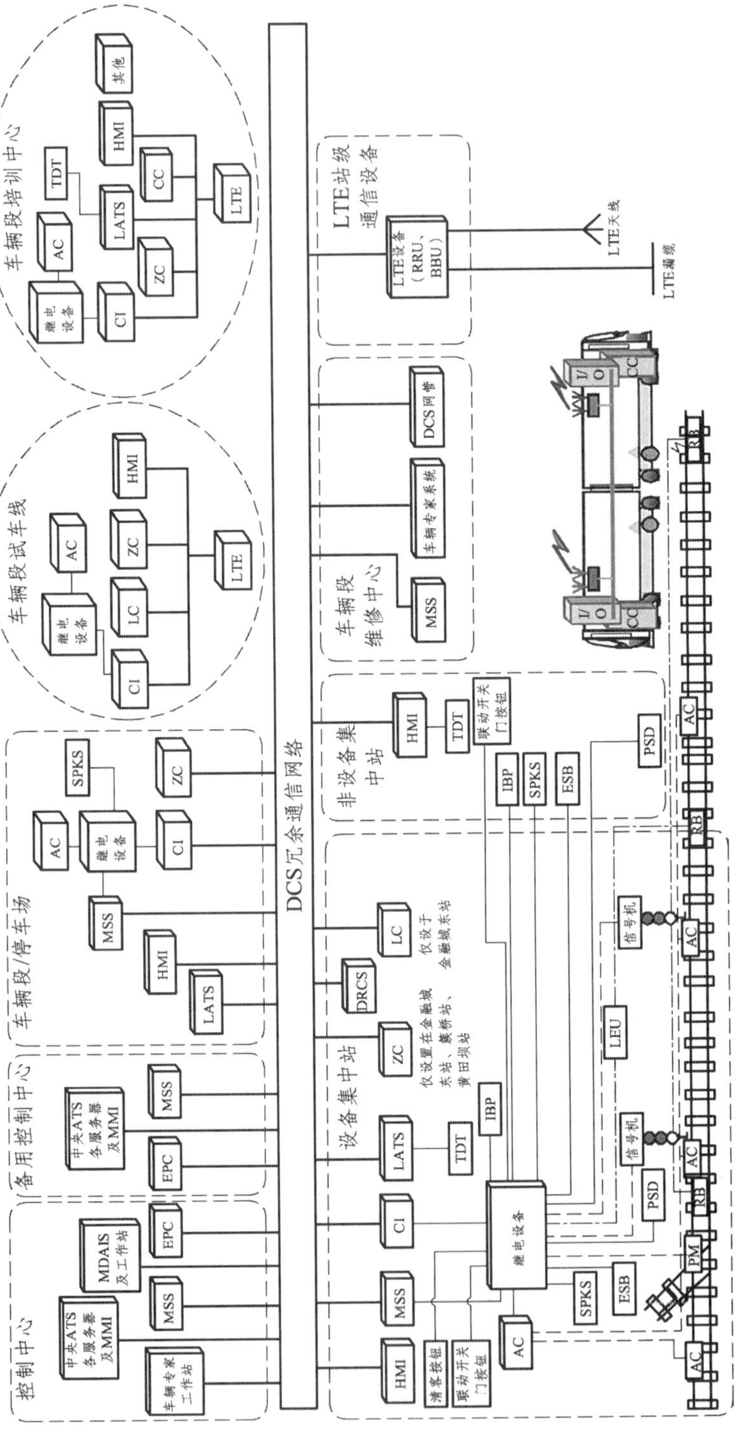

图4-1 信号系统架构示意图

表4-1 信号系统调试内容

序号	调试内容	序号	调试内容
1	电源屏测试	7	轨旁基础设备静态测试
2	CI静态测试	8	CI/轨旁设备一致性测试
3	ATS静态测试	9	轨旁电子单元（如有）静态测试
4	DCS静态测试	10	在线监测设备静态测试
5	轨旁ATP/ATO静态测试	11	在线监测一致性测试
6	车载设备静态调试	12	车辆专家静态测试

（1）轨旁/OCC设备单机调试。

调试科目应包含电源屏测试、CI静态测试、ATS静态测试、DCS静态测试、轨旁ATP/ATO静态测试、轨旁基础设备静态测试、轨旁电子单元（如有）静态测试、在线监测设备静态测试和一致性测试，具体测试内容可参照表4-2开展。

表4-2 轨旁/OCC设备单机调试内容

序号	调试科目	调试内容
1	电源系统测试	验证电源屏、稳压器、UPS的规格、型号、安装是否满足设计要求
		测试电源屏、UPS供电功能是否满足信号设备供电需求
2	CI静态测试	检查继电器类型是否满足设计需求
		验证联锁机上电、冗余功能和监测设备连接是否正常
		验证CI机柜与继电器架、分线柜之间的输入/输出接口是否正常

续表

序号	调试科目	调试内容
3	ATS 静态测试	验证ATS子系统的部分基本功能是否正常
		验证服务器间的冗余功能是否正常
		验证ATS设备与其他子系统的连接和人机界面功能是否正常
4	DCS 静态测试	测试轨旁各子系统之间的加密通信信息是否正常
		测试车-地双向无线连续通信是否正常
5	轨旁ATO/ATP 静态测试	测试ZC和轨旁数据单元的安装、软件上传下载/版本校验和冗余功能是否正常。
6	轨旁设备 静态测试	检查轨旁基础设备的安装情况,包括室内的相关机柜、工作站的安装,室外信号机、转辙机、计轴/轨道电路和信标/应答器的安装是否正常
		检查轨旁基础设备单独的工作情况和轨旁设备至分线盘的电缆连接情况是否正常
7	CI/轨旁设备 一致性测试	验证CI与轨旁基础设备的输入输出一致性是否正确
		检验CI、继电器架、分线柜和轨旁设备的配线是否正确。
8	轨旁电子单元静态测试	对轨旁电子单元数据进行烧录并检查数据烧录完成后,轨旁电子单元是否正常工作
9	在线监测 静态测试	验证在线监测车站及中心设备安装是否满足设计需求
		验证在线监测设备的硬件连接和设备功能是否正常
10	在线监测 一致性测试	验证在线监测设备与监测点位的显示状态是否一致性

（2）车载设备静态调试。

调试科目应包含配置检查、配线检查、电源供电验证、输入输出检查、车载设备上电状态检查、功能测试，具体测试内容可参照表4-3开展。

表4-3　车载设备静态调试内容

序号	调试科目	调试内容
1	配置检查	检查两端车载设备软件数据配置版本、机柜/设备型号和序列号、车载计算机电路板卡型号和序列号、数据插头型号和序列号是否正确
2	配线检查	测试车载设备之间的连接器是否导通及接地电阻是否符合设计标准
		全自动线路中应检查唤醒模块与无线网桥、车载计算机的配线连接情况是否正常
3	电源供电验证	测试供电源导通情况及电源电压测试
		验证对应车载设备（车载计算机、交换机、中继器、唤醒模块）各模块电源空开断开/闭合时的导通及电压测试
4	输入输出检查	验证车载计算机机柜和输入输出模块的机械和电气集成是否正常
		全自动线路应对列车休眠唤醒指令、蠕动模式指令、FAM模式开关、远程重启车载计算机指令等相关输入输出功能静态码位进行测试及验证
5	车载设备上电状态检查	测试车载设备正常上电时灯位显示情况。
6	功能测试	包含车载计算机重启功能、查询器天线功能及唤醒模块功能测试
		全自动线路应测试唤醒模块远程重启车载计算机和远程唤醒功能是否正常

2. 车辆系统

全自动运行车辆系统由车体与贯通道、转向架、车钩及缓冲架、车门系统、空气制动和供风系统、列车控制及管理系统、受电弓及高压部件系统、走行部在线监测系统、障碍物及脱轨检测系统、空调通风系统、牵引和辅助系统、蓄电池监测系统、广播和乘客信息系统、照明系统、烟火系统组成，如图4-2所示，其中走行部在线监测系统、障碍物及脱轨检测系统及蓄电池监测系统是全自动运行线路车辆新增子系统。

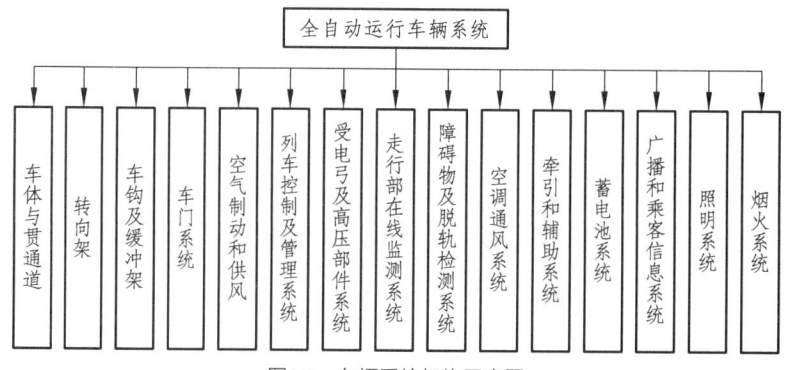

图4-2 车辆系统架构示意图

车辆系统调试一般包含型式试验及例行试验，除此之外，全自动运行线路车辆系统测试应重点增加全点位测试，通过对车辆的远程控制、视频点位及设备监测点位进行全方位验证，为后续场景联调及新增车辆专家等差异化测试内容打下坚实的基础，具体测试内容可参照表4-4开展。

表4-4 车辆系统调试内容

序号	车辆系统调试科目	调试内容
1	型式试验	障碍物及脱轨检测装置试验、弓网受流试验、电磁兼容试验、动力学试验等，应涵盖列车牵引、制动、走行部等各个系统

续表

序号	车辆系统调试科目	调试内容
2	例行试验	牵引逆变器例行试验、列车网络控制系统例行试验、辅助逆变器例行试验、正线最高运行速度制动例行试验等
3	全点位测试	车辆全点位测试是全自动运行线路新增测试，主要是对每一列车的所有远程控制功能、所有视频联动点位、车辆自身断路器和旋按钮功能的全面测试

3. 专用通信系统

全自动运行专用通信系统构成与常规线路无差异，包含传输系统、无线通信系统、公务电话系统、专用电话系统、视频监控系统、广播系统、时钟系统、办公自动化系统、电源系统、集中告警系统、视频会议系统及乘客信息系统，如图4-3所示。

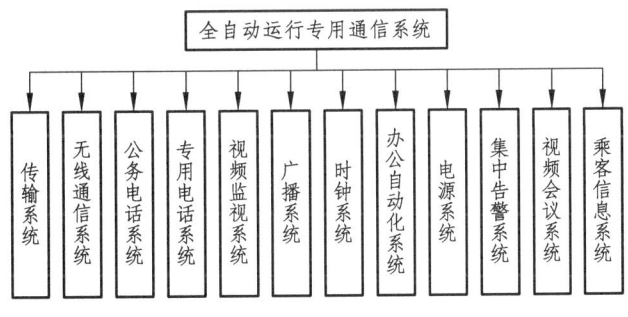

图4-3 专用通信系统架构示意图

专用通信系统调试应包含12个子系统的功能验证，具体测试内容可参照表4-5开展。

表4-5 专用通信系统调试内容

序号	调试科目	调试内容
1	传输系统调试	设备配线检查、设备上电检查、单板功能指标测试、交流供电组件测试等
		设备配置检测、功能指标测试、主备保护功能测试、网管功能测试、电源检测等
2	无线通信调试	设备配线检查、设备上电及运行检查；基站指标测试、功能测试；直放站指标测试
		调度台、固定台、手持台终端显示功能验证，通话功能测试、录音功能验证、网管功能测试
3	公务电话系统调试	设备配线检查、设备上电及运行检查；权限配置功能验证
		板卡倒换功能测试、号码显示及呼叫功能验证、网管功能测试
4	专用电话系统调试	设备配线检查、设备上电及运行检查
		调度台、调度分机、数字话机、轨旁电话终端呼叫及接听功能测试
		权限配置检查、录音功能验证；网管功能测试
5	综合电源系统调试	设备配线检查、设备上电及运行检查
		监控功能、数据采集功能及保护功能测试
		配电屏显示及运行测试；配电屏显示功能验证、切离功能测试功能
		UPS显示及运行测试、电压稳定性验证、电池转换功能测试
		蓄电池摆放及连接检查、输出熔断器空开功能验证；网管功能测试

序号	调试科目	调试内容
6	乘客信息系统调试	设备配线检查、设备上电及运行检查；设备配置检查、参数指标检查；
		信息显示功能验证、优先级功能验证、编播功能验证、网管功能测试
7	视频监视系统调试	设备配线检查、设备上电及运行检查；终端显示功能检查、控制功能测试、冗余功能验证
		参数配置功能验证、网管功能测试
8	广播系统调试	设备配线检查、设备上电及运行检查；设备指标检查、广播及监听功能测试、优先级功能验证、网管功能测试
9	时钟系统调试	设备配线检查、设备上电及运行检查；显示功能检查、参数配置检查、校时功能测试、网管功能测试
10	计算机网络系统调试	设备配线检查、设备上电及运行检查；配置功能检查、软件功能验证、网管功能测试
11	集中告警系统调试	设备配线检查、设备上电及运行检查；数据管理功能验证、接口检查、网管功能测试
12	视频会议系统调试	设备配线检查、设备上电及运行检查；设备参数设置验证、会议功能测试

4. 综合监控系统

全自动运行综合监控（ISCS）由主备中央级综合监控系统、站级（车站、车辆段、停车场）综合监控系统、异地试车线综合监控系统（如有）、模拟中心综合监控系统（如有）、维护管理系统、网络管理系统、培训管理系统及软件测试平台、大屏幕系统（OPS）等构成。综合监控系统架构示意图如图4-4所示。

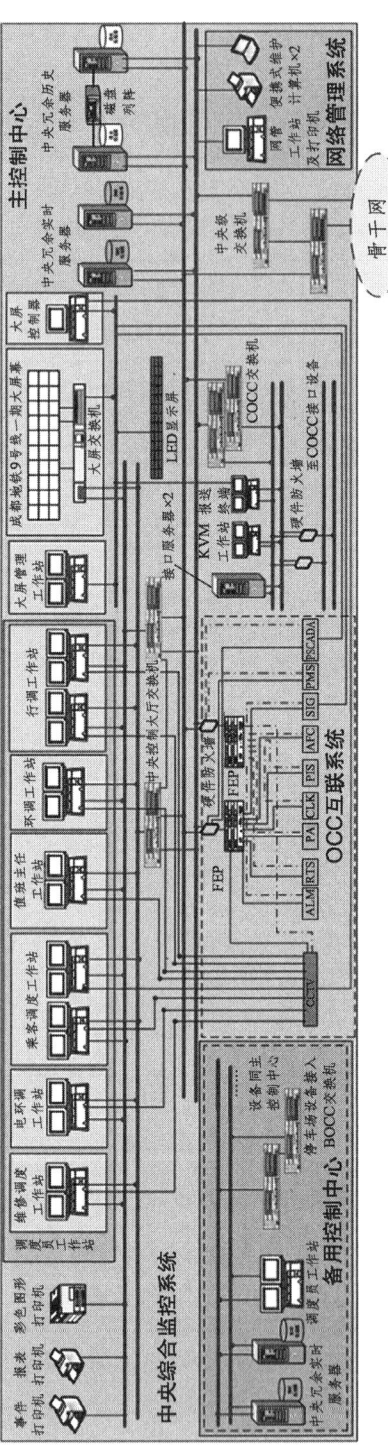

图4-4 综合监控系统架构示意图

综合监控系统调试应包含对综合监控系统设备软、硬件的功能测试，同时应完成综合后备盘（IBP）功能测试，具体测试内容可参照表4-6开展。

表4-6 综合监控系统调试内容

序号	测试科目	测试内容
1	ISCS硬件检查及测试	测试服务器和工作站安装、线路连线、硬件和软件配置、系统功能及网络通道连接是否满足技术标准
		ISCS交换机和FEP安装、线路连接、模块安装、软硬件配置、设备冗余功能、路由功能、冗余
		ISCS防火墙功能是否正常
		ISCS配电箱进线、出线线路连接、配电冗余功能是否正常
2	ISCS软件功能调试	系统基础监视功能是否满足
		系统点控、单控、模式控制、时间表控制、火灾联动测试
		服务器、FEP冗余切换测试
		场景联动测试
		主备OCC切换功能是否正常
3	综合后备盘（IBP）调试	IBP盘面试灯测试
		通风排烟系统的紧急模式控制功能测试
		自动检票机释放、门禁释放功能测试
		电扶梯停止控制功能测试
		消防专用设备控制功能测试

5. 站台门系统

全自动线路站台门系统由机械和电气两部分构成，机械部分包括门体结构和门机系统，电气部分主要包括电源和监控系统，其核心系统由PSC中央控制盘（含PEDC单元控制器、监控主机、MMS主监视系统）、DCU门控单元、门机系统、PSL就地控制盘、LCB就地控制盒、障碍物检测装置组成。站台门系统架构示意图如图4-5所示。

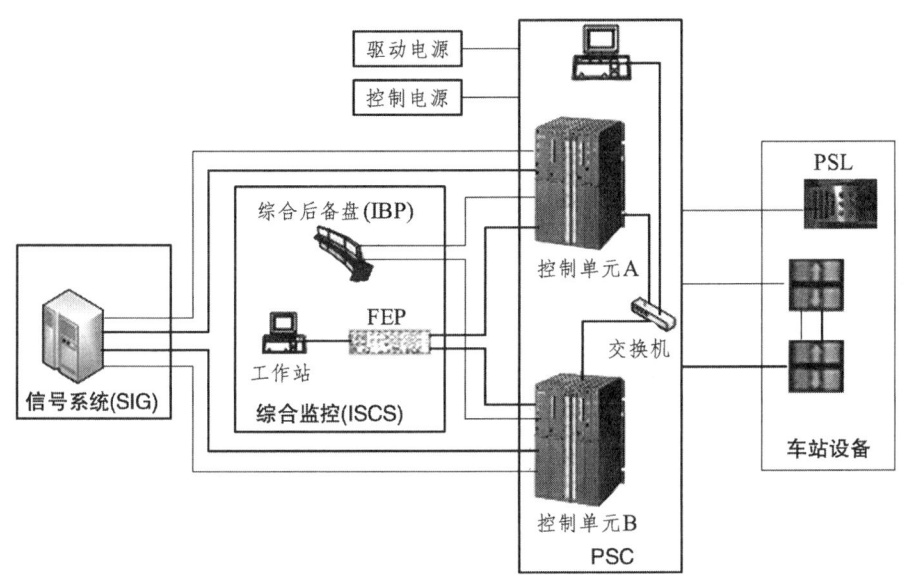

图4-5 站台门系统架构示意图

站台门系统调试应包含设备功能测试、冗余功能验证，除此之外应完成5000次开关门验证，5000次开关门验证作为站台门测试的关键环节，应由站台门系统承包商组织开展，运营管理、建设、监理单位宜在现场共同确认，确保测试质量，具体测试内容可参照表4-7开展。

表4-7 站台门系统调试内容

序号	测试科目	测试内容
1	设备功能测试	主要测试外观结构及电气接线检查、门体开关门动作、电源系统运行倒切、蓄电池容量测试、控制系统操作优先级功能等
2	冗余功能验证	PEDC系统冗余监控功能测试,验证单侧PEDC可完成对上行/下行站台门进行开关门控制及状态采集
3	5000次开关门测试	测试设备运行的稳定性,确认站台门监控系统能正常反馈设备运行报警状态

(二)重要组织节点建议

(1)信号系统正线及场段轨旁/OCC设备静态调试应在该区域移交至运营管理单位之前(如为分段移交)完成,以便现场尽快具备信号模式动车调试条件,车载设备根据列车到段情况和车辆生产计划开展静态调试,在场段移交后对完成车载设备静态调试的列车同步开展信号动车调试。

(2)车辆型式试验和例行试验的大部分测试内容应在供应商厂内完成。其中噪声试验、超速保护试验、曲线通过试验、正线最高运行速度制动例行试验可跟随信号动车调试同步开展测试。

(3)站台门系统调试及5000次开关门测试应于轨行区移交前完成,同时实现站台封闭,为全自动运行功能调试提供安全保障,是轨行区移交的前置条件。

(4)专用通信、综合监控系统在软硬件安装及临时环网组建的前置条件下,系统静态调试可跟随移交车站情况同步开展,站级设备应保证空载前全部完成调试,为系统联调提供系统功能基础条件。其中,专用通信PIS网络应在信号动车调试前完成单环网投用,在空载前完成双环网投用。

二、动车调试

动车调试是新线开通筹备中后期最核心的调试工作，主要是以信号系统为主导，验证信号系统的性能及行车相关功能是否满足合同及设计要求，全自动运行线路动车调试包含了常规线路的调试任务，同时也新增了全自动运行相关的功能，因此现场实施应在信号轨旁/中心设备单系统调试、信号车载静态调试、信号-车辆接口测试完成的基础上，由信号系统承包单位作为一致性协调方组织相关专业承包商开展，运营管理单位宜安排专业人员跟岗调试工作，并加强全自动运行新增功能的调试情况管控，详细记录调试问题和整改方法。

全自动运行线路动车调试一般分为信号系统常规功能调试、系统运行与性能验收测试及FAM行车功能测试。

（一）常规功能调试

信号系统常规功能调试科目应包含轨旁数据采集校核、DCS无线覆盖及端对端测试、轨旁设备动态测试、车载计算机功能完整性动态测试、ATO精调测试五大方面，具体测试内容可参照表4-8开展测试。

表4-8 常规信号动车调试内容

序号	调试科目	调试内容
1	轨数据采集校核	验证全线安装的信号设备是否满足设计要求，主要进行正线全线信标测试，核实信标是否存在异常及漏标风险
2	DCS无线覆盖测试	验证车载与中心的通信是否满足CBTC行车要求，为CBTC模式行车提供稳定的通信通道，同时验证轨旁与车载DCS通信网络冗余性。

续表

序号	调试科目	调试内容
3	轨旁设备动态测试	测试CBTC模式/后备模式（如有）下各进路是否触发非预期的紧急制动，所有信号机接近状态满足设计要求，以及道岔位置和停车点位置的验证，确保轮径校准信标满足设计要求，确保防护区域ESP、PSD、防淹门等功能满足设计要求
4	车载计算机功能完整性动态测试	验证信号是否能够正确控制列车，检验列车是否具备上线运行条件的一项测试，是对列车基础运行性能的基本验证
5	ATO精调测试	动车采集不同ATO测试用例下的列车牵引制动曲线，分析车辆牵引/制动系统特性是否在车载ATO系统可接受范围内，进而调整ATO启动、区间运行、停站的舒适性
6	系统运行与性能测试	开展调整模式测试、运行间隔和旅行速度、ATO模式下停站精度测试、车门站台门同步测试、出入场段能力测试、列车折返能力测试、ATO最高运行速度等系统运行稳定性和运营效率相关的测试

（二）系统运行及性能验收测试

信号系统系统运行及性能测试是指对ATS子系统功能测试、ATC子系统功能测试、系统运行与性能测试、系统稳定性测试的测试结果进行验收，具体测试内容可参照表4-9开展。

表4-9 系统运行验收测试内容

序号	调试科目	调试内容
1	ATS子系统功能测试	验证ATS服务器热备冗余/系统负荷相关功能、信号操作与表示测试、维护支持功能测试等其他ATS功能测试,确保OCC设备安全平稳运行
2	ATO/ATP子系统功能测试	验证各种模式驾驶符合设计要求,验证每条进路均正常、信号能够正确控制列车,车辆能正常根据信号的指令行车,以及轨旁及DCS系统的冗余性能
3	系统运行与性能测试	测试系统的运行与性能是否满足合同要求,主要内容为运行间隔能力、折返能力、旅行速度、出入段能力、ATO过岔能力等测试
4	系统稳定性测试	通过大小交路套图、多车的压力测试,验证多种不同运行模式下ATS外部接口的一致性与稳定性、运行图调整、CBTC/非CBTC列车混跑等功能

(三)FAM行车功能测试

FAM行车功能测试是针对全自动运行线路新增的动车调试科目,主要验证全自动运行模式下信号系统与车辆系统配合实现的全自动运行行车相关的控制功能,应在车辆与信号接口趋于稳定时完成信号CBTC功能测试后立即开展,并对所有列车进行全覆盖测试。

本项测试工作完成质量以及发现问题整改情况直接关系到后期全自动运营管理各项核心功能的稳定性,因此运营管理单位维保部门应安排技术骨干人员重点管控测试情况以及功能实现的细节,控制中心作为全自动运行线路车外化、远程化、中心化职能转变的主体,应在测试中重点搜集控制中心对于全自动运行模式下各系统远程控制可用性、界面显示合理性、信息提示全面性等方面的意见,尽早开展软硬件功能优化调整,进一步完善列车全自动运行和控制中心远程监控两个维度的全自动运管功能。

具体测试内容可参照表4-10开展。

表4-10 全自动运行行车相关功能测试内容

序号	系统功能	序号	系统功能
1	自动/远程/就地列车唤醒	2	列车上电自检
3	列车联合自检	4	列车记忆定位
5	列车自动鸣笛	6	站台自动发车
7	全自动无人驾驶模式运行	8	站台自动停站
9	列车自动开关门	10	列车自动折返
11	扣车	12	跳停
13	自动/远程/就地列车休眠	14	列车自动出入库
15	蠕动模式	16	远程重启车载计算机
17	列车自动工况模式转换	18	自动化场/段运行功能
19	站台自动清客	20	站台临时请客
21	列车站台自动对位	22	功能限速
23	中央监测全线列车及设备的故障告警信息	24	远程受电弓升降
25	远程断路器复位/跳开	26	远程电热玻璃
27	远程雨刮器控制	28	远程照明控制开/关
29	远程空调参数设置	30	远程设置广播音量
31	远程设置媒体音量	32	自动洗车
33	临时限速	34	疏散区域自动防护
35	库区发车报警	36	强制重启备系车载计算机
37	全自动运行限制模式	38	管理逃生门功能

第二节 多方接口调试

全自动运行线路是通过各核心系统间的信息交互实现系统的高效联动,核心系统接口功能的实现是保障运营场景可落地的根本要求。但全自动运行线路各系统自动化程度高、专业接口复杂,为有效做好各系统接口调试,须统筹各系统接口一致性管理及差异性分析,形成有效、稳定的接口功能文件,并在此基础上以场景联动功能为核心开展多方接口调试。

一、接口一致性管理

全自动运行线路系统接口复杂,为有效统筹系统接口管理,保证技术方案的一致性,可设置一致性协调方负责全自动运行技术协调、接口协调、工作协调,并对全自动运行总体完整性、合理性、可靠性、实用性和可维护性负技术总责,以确保系统的功能、安全指标满足设计要求,确保调试质量。考虑各系统接口功能的要求及重要程度,一般宜选择信号系统集成商作为一致性协调方,配合运营管理单位开展接口集成管理,并总体牵头各接口系统单位开展多方接口调试。

(一)接口职责划分

为避免接口各方因职责不清导致相互推诿,须对接口各方进行接口分工管理,将接口活动中接口双方定义为接口牵头方和接口配合方,明确其相关职责,见表4-11。接口牵头与接口配合方梳理接口技术方案,并为接口设计提供必要的信息、物资、专业技术和人力资源。

表4-11 接口牵头方职责划分表

接口关系	信号	车辆	综合监控	专用通信	站台门	车辆段工艺
信号	/	信号	信号	信号	信号	信号
车辆	信号	/	车辆	车辆	/	车辆
综合监控	信号	车辆	/	综合监控	综合监控	综合监控
专用通信	信号	车辆	综合监控	/	/	专用通信
站台门	信号	/	综合监控	/	/	/
车辆段工艺	信号	车辆	综合监控	专用通信	/	/

（二）接口功能管理

一致性协调方应牵头各接口专业编制全自动运行系统接口列表，各接口专业根据系统接口列表（见表4-12），结合全自动运行接口功能需求，梳理接口功能和接口内容差异。在此基础上，一致性协调方组织各系统开会确认新增接口内容及接口技术，并由接口牵头方编制接口功能文件。

表4-12 核心系统接口清单

序号	接口关系	接口清单
1	信号与车辆	车辆专家与车辆的接口
2	信号与车辆	信号车载计算机与车辆的接口
3	信号与车辆	信号联锁与洗车机接口
4	信号与综合监控	信号ATS与OCC综合监控接口
5	信号与综合监控	信号联锁与车站/场段综合后备盘接口

续表

序号	接口关系	接口清单
6		信号联锁与门禁系统禁接口
7		信号ATS与OCC PSCADA接口
8		信号ATS与OCC有线广播系统的接口
9		信号ATS与OCC乘客信息系统的接口
10	信号与专用通信	信号ATS与专用无线系统的接口
11		信号ATS与时钟系统
12		车辆专家与OCC乘客信息系统的接口
13	信号与站台门	信号联锁与站台门接口
14		信号ATS与站台门接口
15	车辆与专用通信	车辆与地面PIS接口
16		车辆与无线接口
17		综合监控与时钟系统接口
18		综合监控系统与视频监视系统的接口
19	综合监控与专用通信	综合监控系统与广播系统接口
20		综合监控系统与集中告警系统接口
21		综合监控系统与乘客信息系统接口
22		综合监控系统与无线系统接口
23	综合监控与站台门	综合监控系统与站台门的接口
24		IBP盘与站台门的接口

（三）接口进度管理

一致性协调方应对各系统接口实施进度进行实时追踪，包含接口内容、功能开发情况及接口协议和点表测试情况，应定期形成实施进度报告向运营管理单位汇报，有利于运营管理单位制定后续多方接口调试计划。

（四）接口变更管理

对已确认的接口功能发起变更时须遵循变更管理流程。变更管理控制遵循"提交、记录、评估、安全分析、变更决策、变更实施、验证、安全验证（按需）、关闭"原则。

二、接口差异化分析

全自动运行线路系统接口功能的实现是运营场景联动功能的基础，为确保多方接口功能测试的完备性及稳定性，应对全自动运行线路各系统接口差异进行全面分析，重点应对关键系统的新增接口功能予以明确并在单接口功能测试中重点验证，以确保多方接口的顺利开展。

以下内容是以成都9号线系统为范本进行的接口差异化功能举例，具备一定参考性及可行性，实际上各城市全自动运行系统功能设计及接口设计不尽相同，可以此为例进行进一步探讨及修正。

（一）信号系统与车辆系统接口新增功能

信号系统与车辆系统接口提供的差异化功能主要为全自动行车相关功能，包括休眠唤醒功能，列车自动出入段、区间全自动运行、站台自动对标及站台作业、站台自动发车、自动折返及自动鸣笛功能，场段内自动调/洗车功能等，详细内容可参见表4-10。

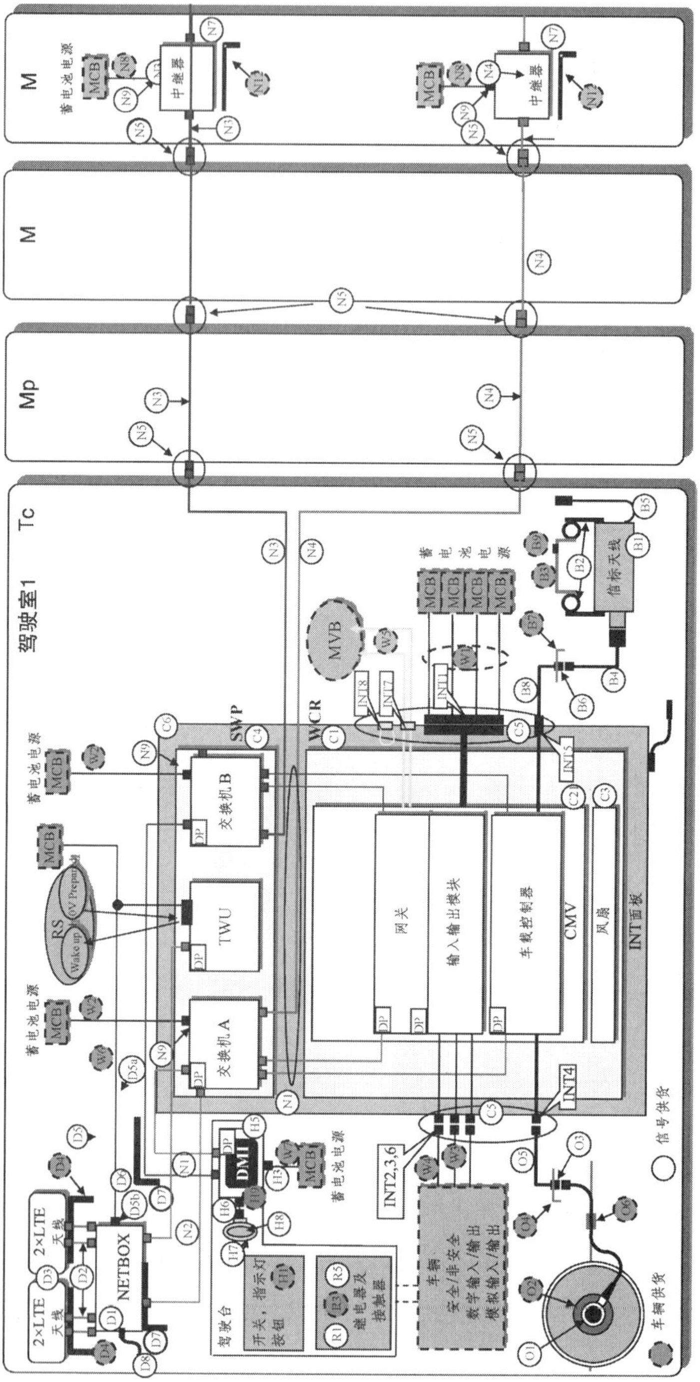

图4-6 信号与车辆接口示意图

其中，信号系统和车辆设备洗车机的接口在保留常规人工洗车基础上新增了部分全自动运行功能，信号系统向洗车机发送洗车请求指令。信号系统根据自洗车机发送的移动授权状态、洗车机状态以及紧急停止信息来触发进路、定点停车、根据端洗/侧洗/全洗模式控制列车全自动洗车及作业完成后回库，并在洗车机状态异常时根据紧急停止指令触发EB，避免车辆和洗车机设备发生碰撞等安全事故。联锁与洗车机接口示意图如图4-7所示。

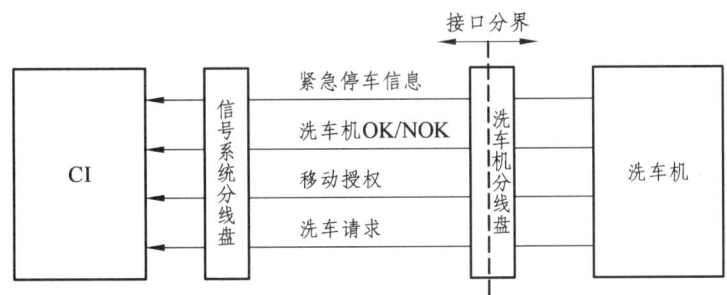

图4-7　联锁与洗车机接口示意图

（二）信号系统与专用通信系统接口新增功能

1. 信号系统与广播系统的接口

信号系统向广播系统接口提供差异化列车运行表示信息，主要包含列车自动/临时清客信息。ATS与PA主备控制中心接口示意图如图4-8所示。

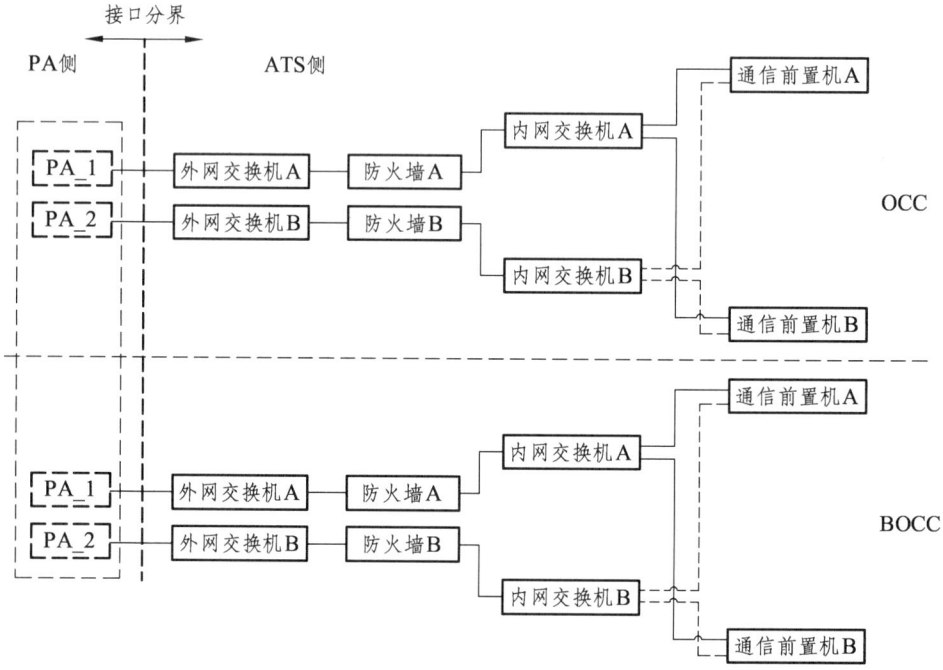

图4-8 ATS与PA主备控制中心接口示意图

2. 信号系统与乘客信息系统的接口

信号系统向乘客信息系统接口提供列车运行相关信息,一般包括:

(1)信号ATS子系统向乘客信息系统提供列车自动/临时清客信息。

(2)通过PIS车地无线网络通道向信号车辆专家子系统提供车辆状态关键数据信息。

ATS与PIS主备控制中心接口示意图如图4-9所示。

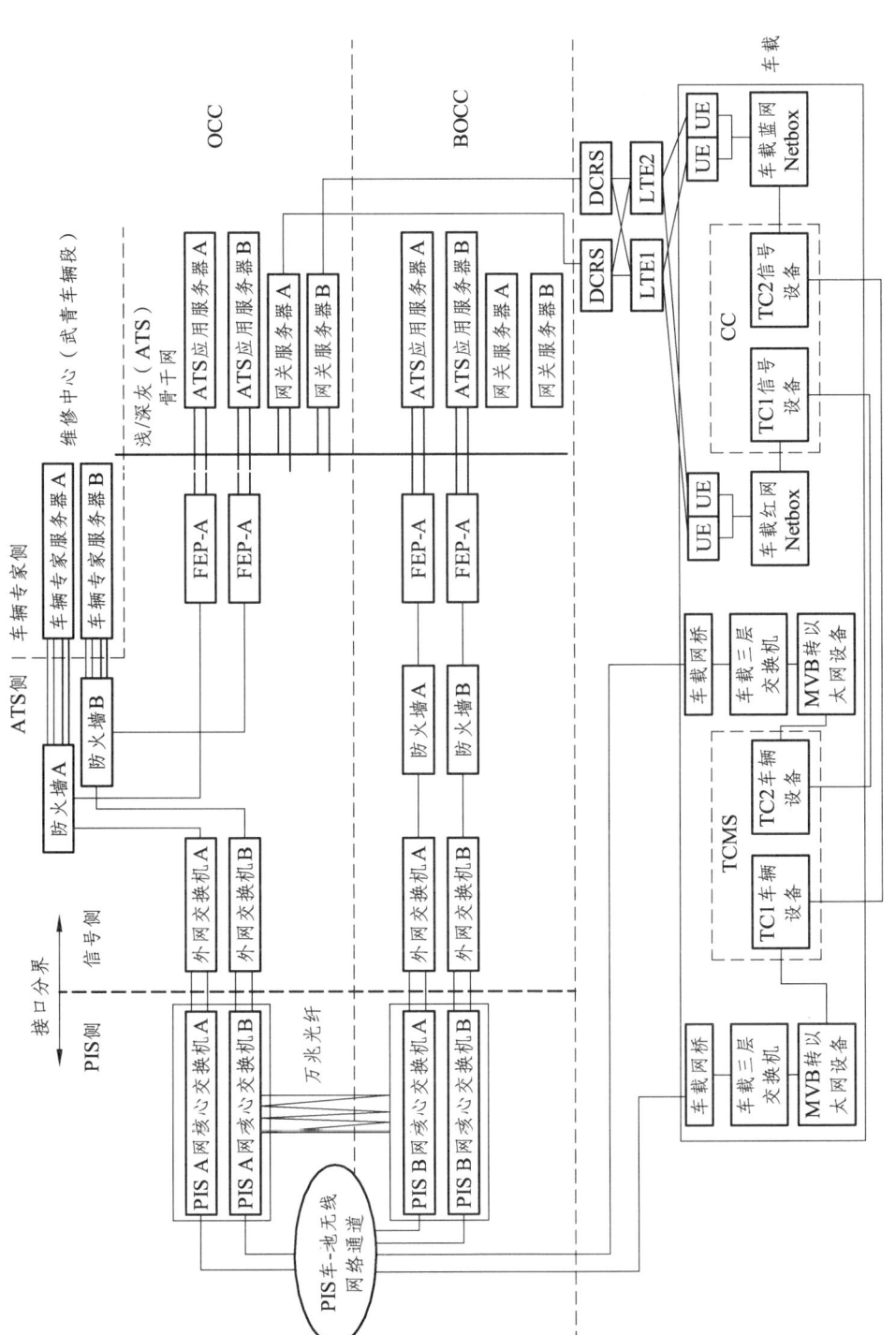

图4-9 ATS与PIS主备控制中心接口示意图

(三)信号系统与综合监控系统接口新增功能

综合监控系统向信号系统接口提供接提供相关报警信息,主要包含车站火灾信息、区间温感信息、风机信息等。

信号系统向综合监控系统接口提供全线列车运行表示信息及必要的运营时刻表信息,主要包括列车数量、实际列车运行信息(列车车组号、服务号、序列号、目的地号、运行方向、车次号、列车编组信息、列车所在车站号、列车驾驶模式、清客信息、阻塞信息)、站台数量、站台状态信息、列车联动信息(乘客紧急对讲信息、车门紧急解锁信息、车门状态丢失信息、车门阻挡信息、逃生门状态(若有)、司机操作台盖板信息、列车电器柜门信息、灭火器信息、列车火灾告警信息等)。ATS与ISCS主备控制中心接口示意图如图4-10所示。

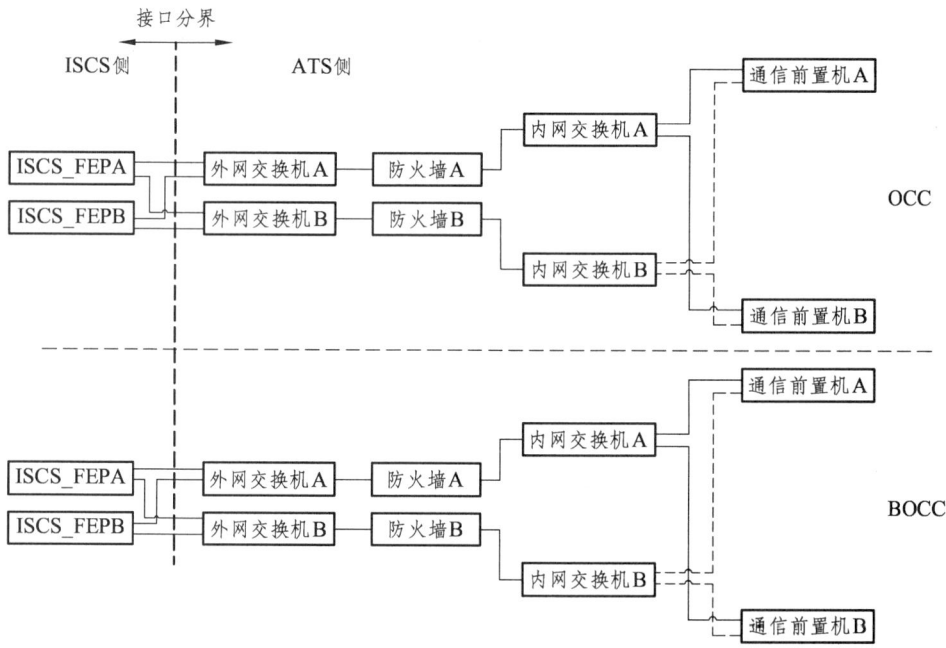

图4-10　ATS与ISCS主备控制中心接口示意图

（四）信号系统与站台门系统接口新增功能

信号系统与站台门系统通过接口传递站台门故障状态信息及车门故障状态信息，以实现站台门和对应的车门对位隔离功能。集中站与非集中站的ATS与PSD接口示意图分别如图4-11和4-12所示。

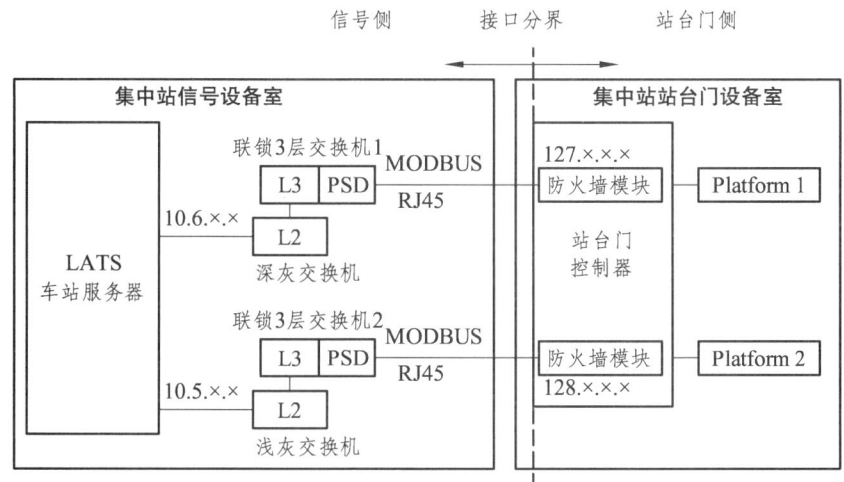

图4-11　集中站ATS与PSD接口示意图

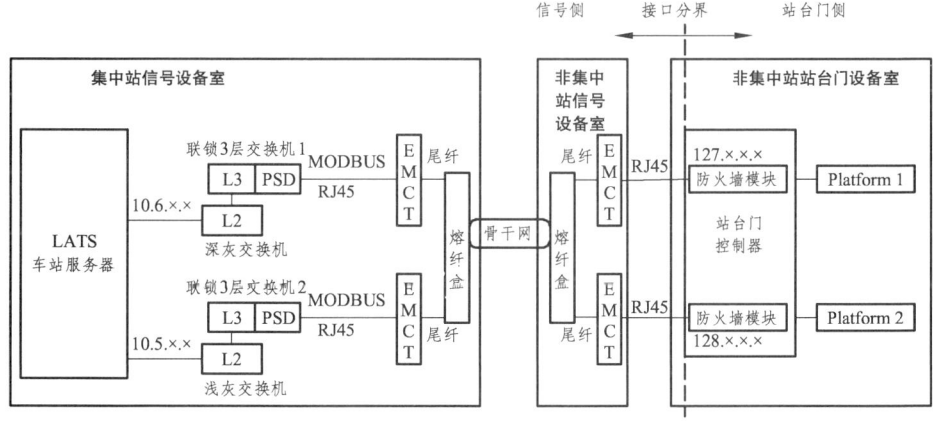

图4-12　非集中站ATS与PSD接口示意图

（五）信号系统与PSCADA系统接口新增功能

PSCADA系统向信号系统提供正线及车场内接触网相关带电信息，包含供电区域数目、正线牵引供电区域状态、段场牵引供电区域状态。信号系统根据PSCADA发送的失电信息联动触发自动扣车功能。ATS与PSCADA主备控制中心接口示意图如图4-13所示。

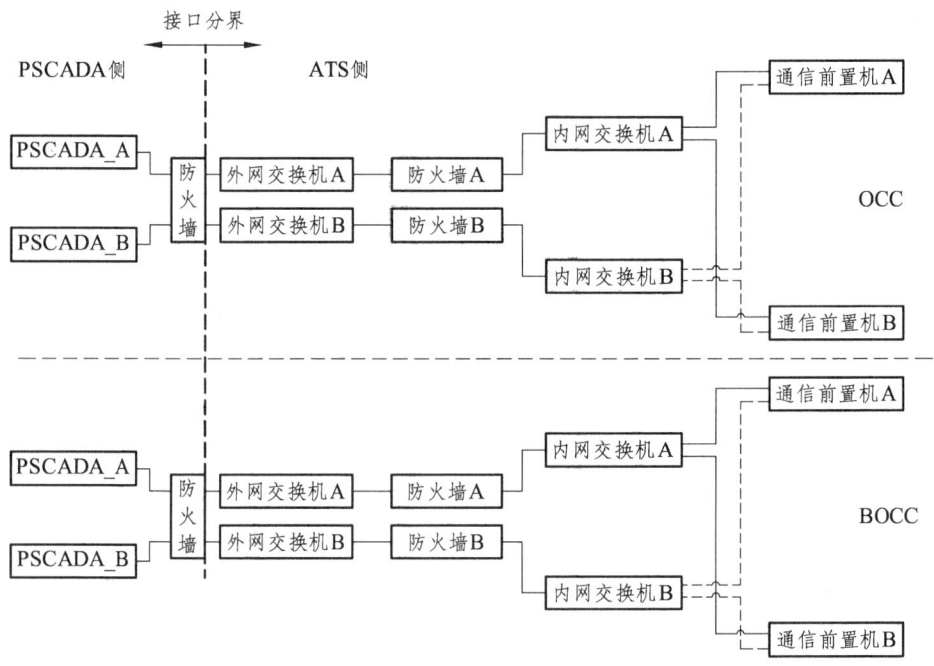

图4-13　ATS与PSCADA主备控制中心接口示意图

（六）信号系统与门禁系统接口新增功能

信号系统与门禁系统接口为全自动运行线路新增接口，是将信号系统SPKS功能与门禁系统进行关联，SPKS被激活并等待响应安全间隔时间后，门禁系统才有效释放，此时人员刷卡有效。信号门系统与门禁的接口界面示意图如图4-14所示。

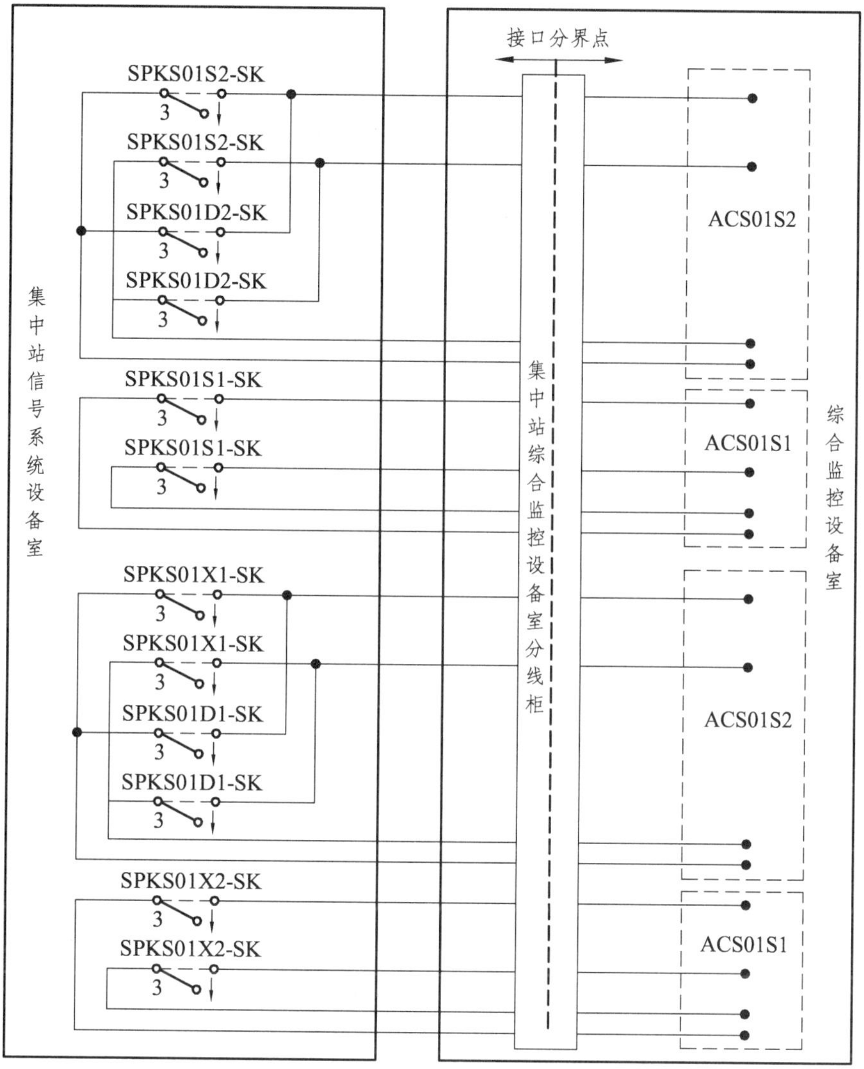

图4-14 信号系统与门禁的接口界面示意图

（七）车辆系统与专用通信系统接口新增功能

1. 车辆系统与乘客信息系统接口

（1）乘客信息系统提供车辆走行部监测系统数据上传通道，传输至车辆基地运维中心机房，如图4-15所示。

(2)乘客信息系统提供车辆CCTV图像及告警信息上传至地面专用CCTV系统的网络通道,在紧急情况下,全部列车监控图像均可回传至控制中心,如图4-16所示。

(3)车辆音视频播放系统接收乘客信息系统下发的媒体信息(网络TS视频流,中心综合监控下发的运营信息/紧急信息),进行显示信息合成后,通过车头及车尾间的双向视频通道直接在车载LCD播放,如图4-17所示。

(4)车辆音视频播放系统为乘客信息系统提供所需驾驶信息,接收乘客信息系统设备自检信息并提供给TCMS。车辆TCMS信息(MVB转以太网端口)通过PIS车地无线通道上传至车辆专家系统,如图4-18所示。

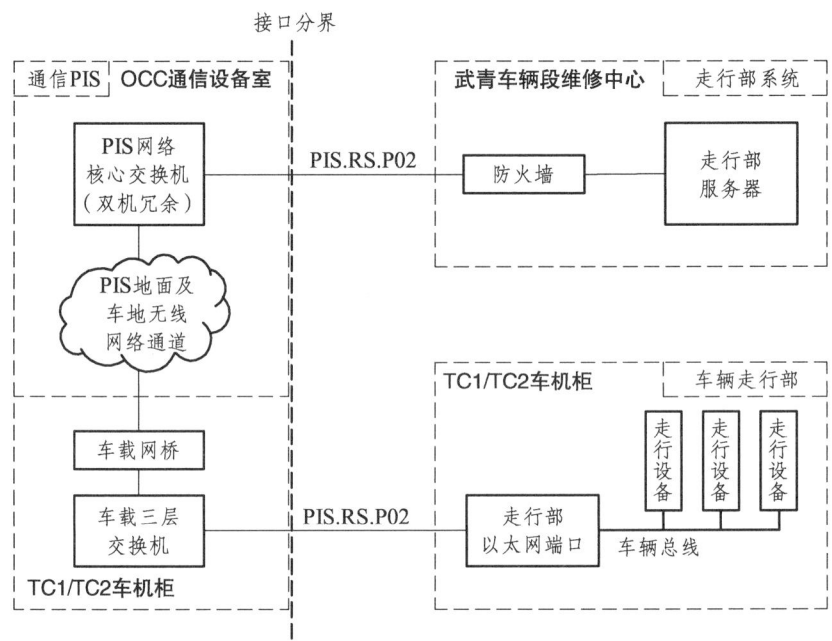

图4-15 走行部维修系统与PIS、车辆走行部接口界面图

第四章 全自动运行线路调试 105

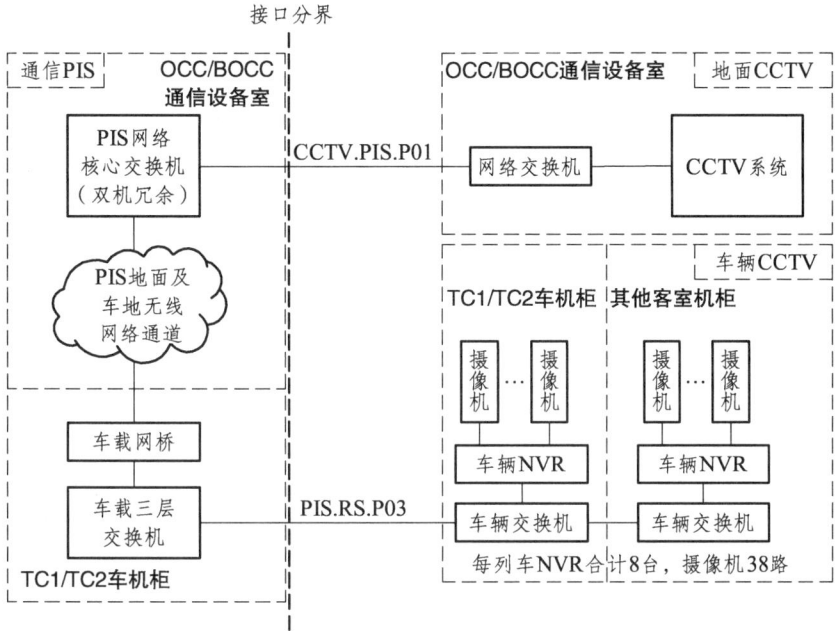

图4-16 地面CCTV与PIS、车辆CCTV接口界面图

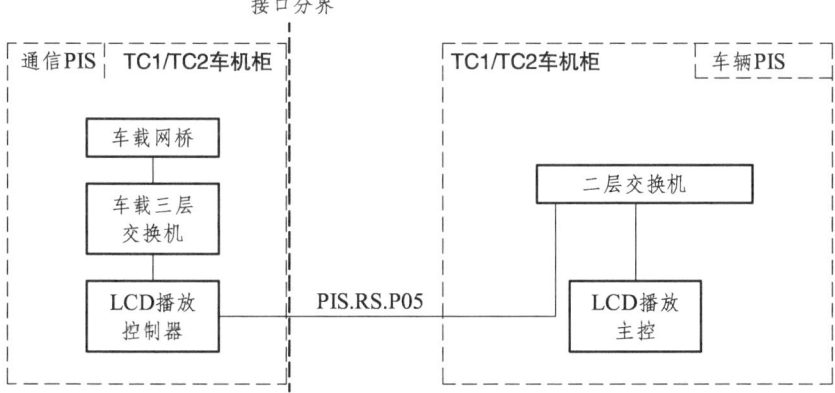

图4-17 乘客信息系统与车辆音视频系统接口界面图

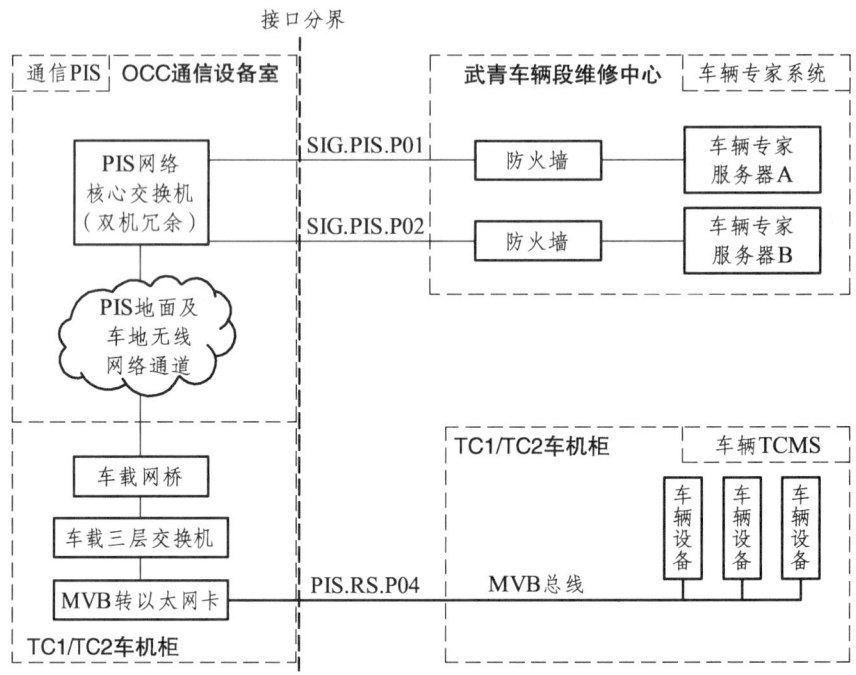

图4-18　车辆专家系统与PIS、车辆TCMS接口界面图

2. 车辆与无线通信系统接口（见图4-19）

（1）实现乘客紧急对讲功能。无线通信系统实现中心乘客调度人员与乘客紧急对讲的语音信号传送。

（2）在列车唤醒时传输无线自检信息。无线通信系统在列车唤醒时，将车载台设备自检状态信息传给车辆TCMS。

（3）下发车载预录广播、人工实况广播信息。

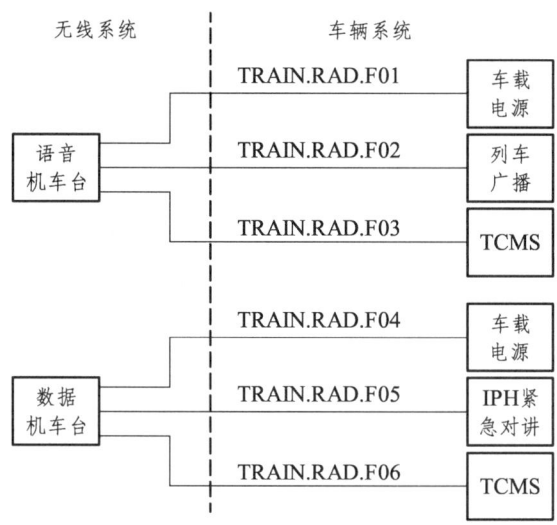

图4-19 无线系统与车辆接口示意图

（八）专用通信与综合监控系统接口新增功能

1. 无线系统与综合监控系统接口

综合监控通过无线通信系统提供的车地无线通道，发送预留广播编号和播放次数信息给车载视音频系统，实现选择车载预录广播播放的功能，接口界面示意图如图4-20所示。

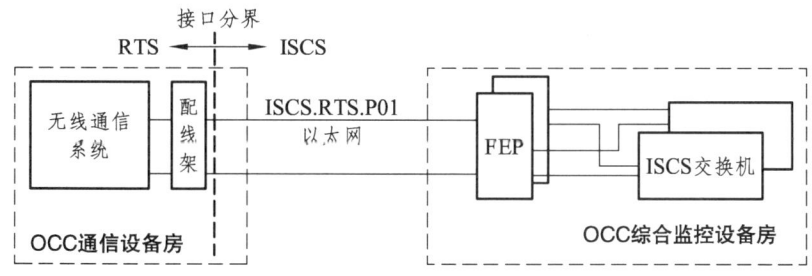

图4-20 综合监控系统与无线系统接口界面示意图

2. 视频监控系统与综合监控系统接口

（1）视频监视系统向大屏控制系统发送相关车载报警信息，如图4-21所示。

（2）综合监控系统根据车辆报警信息联动专用视频监视系统调取车载视频图像，包括手动调取和自动调取，如图4-22所示。

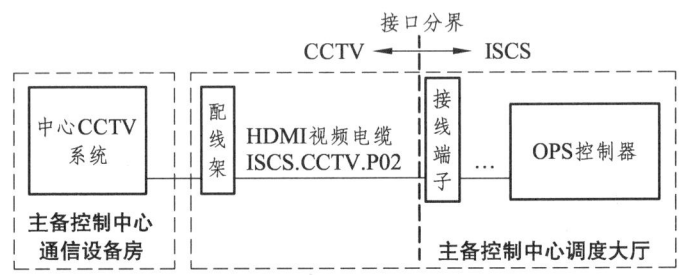

图4-21　大屏控制系统与CCTV接口界面示意图

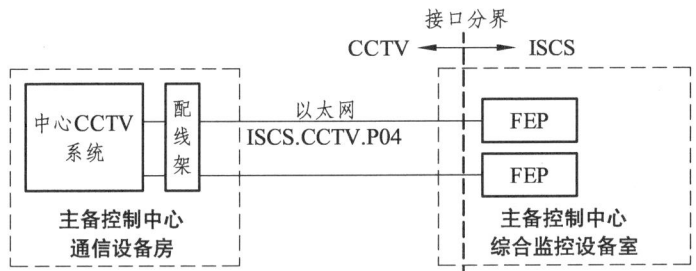

图4-22　综合监控系统与CCTV接口界面示意图

三、多方接口调试管理

全自动运行线路多方接口调试以场景为核心，重点验证多系统间的联动功能是否满足场景文件要求，对系统联调测试及场景功能的验证具有重要意义。多方接口调试是在单接口通信协议测试、模拟点对点测试、冗余测试及功能测试完成的基础上进行，一般分为多方接口常规功能测试及多方接口场景联动测试两个阶段展开。

多方接口常规功能测试可跟随车载静态调试及动车调试同步验证完成，多方接口场景功能测试应由一致性协调方牵头，全面验证场景联动功能是否按要求实现。

（一）多方接口常规功能测试

多方接口常规功能测试内容与常规线路差异较小，一般包含主要车载系统设备自检信息上传、列车告警信息上传、列车视频上传、多媒体视频下发、列车到/发站站台PIS/PA联动播报等项目。

（二）多方接口场景联动测试

多方接口场景联动测试是基于运营场景针对不同专业设备进行的联动功能验证，是对全自动运行线路部署的所有系统设备完成调试工作后的整体效果最全面的测评，测试过程中可抽选部分列车、站台进行覆盖全部核心功能及联动场景的动车验收测试，确保各项核心系统功能及联动功能符合全自动运营场景需求，具体功能科目可参照表4-13进行研究，并结合场景文件制定具体测试功能。

表4-13　全自动运行集成测试科目

序号	功能名称	相关专业				
		信号	车辆	专用通信	综合监控	站台门
1	列车场段、存车线唤醒测试	√	√			
2	列车场段、存车线休眠测试	√	√			
3	乘客紧急对讲联动功能测试	√	√	√		

续表

序号	功能名称	相关专业				
		信号	车辆	专用通信	综合监控	站台门
4	列车车门紧急解锁联动功能测试	√	√	√		
5	列车车门状态丢失联动功能测试	√	√	√		
6	列车车门检测到障碍物联动功能测试	√	√	√		
7	列车逃生门盖板打开联动功能测试	√	√	√		
8	司机操作台盖板打开联动功能测试	√	√	√		
9	列车电气柜门打开联动功能测试	√	√	√		
10	列车上灭火器移动联动功能测试	√	√	√		
11	列车火灾联动功能测试	√	√	√	√	√
12	列车障碍物和脱轨检测功能测试		√	√		
13	列车自动鸣笛测试	√	√			
14	扣车联动功能测试	√	√			
15	紧急停车按钮联动功能测试	√	√			
16	车站火灾联动功能测试	√	√	√	√	√
17	区间火灾联动功能测试	√	√	√	√	√
18	站台门红外检测联动功能测试	√	√		√	√
19	列车阻塞模式联动功能测试	√	√	√	√	√

续表

序号	功能名称	相关专业				
		信号	车辆	专用通信	综合监控	站台门
20	车门站台门对位隔离联动功能测试	√	√	√		
21	疏散区域防护联动功能测试	√				
22	断电分区联动控制功能测试	√	√	√	√	√
23	列车检修模式测试	√	√			
24	蠕动模式测试	√	√			
25	列车站台自动对位测试	√				
26	列车自动巡道测试	√				
27	列车自动洗车测试	√				
28	OCC与BOCC切换功能测试	√		√	√	
29	列车工况模式转换测试	√	√			
30	车辆远程控制测试	√	√			
31	清客联动功能测试	√		√		
32	列车清扫功能测试	√	√			
33	列车全自动运行及自动折返测试	√				
34	列车自动出入库测试	√				
35	列车记忆定位测试	√				

续表

序号	功能名称	相关专业					
		信号	车辆	专用通信	综合监控	站台门
36	GAMA防护功能测试	√				
37	SPKS防护功能测试	√				
38	功能限速测试	√				
39	临时限速实时调整功能测试	√				
40	列车雨雪模式测试	√				
41	场段分区接发车报警功能测试	√				
42	再次开关门测试	√				
43	自动调洗车/自动场段收发车	√				
44	MDIAS功能测试	√				
45	全自动运行限制模式测试	√				
46	车载计算机远程重启测试	√				
47	无人驾驶区域防护功能测试	√				
48	疏散区域自动防护功能测试	√				

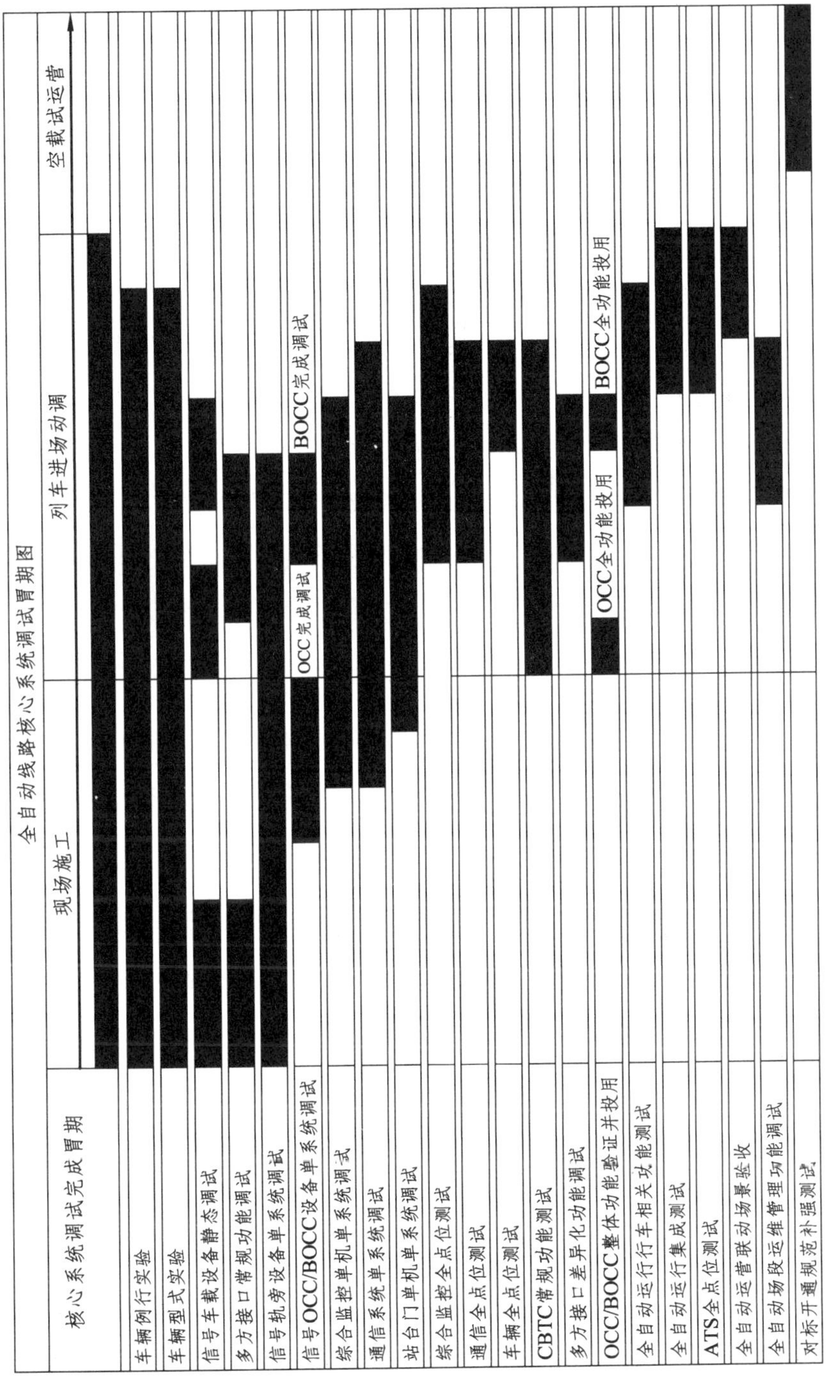

图4-23 核心系统调试及接口调试组织节点图例

第三节 系统联调

系统联调是对各系统设备接口功能实现与否的全方位检验,也是初期运营前安全评估的基本条件和重点内容。运营管理单位应参照交通运输部发布的《城市轨道交通初期运营前安全评估技术规范第1部分:地铁和轻轨》(交办运〔2019〕17号)要求开展系统联调工作,通过设计周全的系统联调科目及功能测试项,逐项验证全自动运行系统设备功能是否满足国家标准规定,同时也要结合全自动运行系统差异对全自动运行功能、场景联动功能进行重点核验。

系统联调是全自动线路调试中最核心以及最重要的调试工作,相比核心系统调试及多方接口调试,系统联调的组织与实施要具备系统化的管理思维及精细化的管理要求,对系统联调的每个阶段进行统筹规划。运营管理单位对系统联调的目标与总体要求要有一致的认知,并针对性地设立联调科目与实施机构,确保系统联调结果达到运营管理单位要求。

一、总体目标

系统联调是新线建设阶段对系统功能和性能进行全面检验的最重要的一环。对于全自动运行轨道交通线路而言,信号、车辆、专用通信、综合监控、站台门等核心系统紧密互联,共同保证行车组织和应急组织的平稳顺畅,因此深入而又系统化地开展系统联调具有非常关键的作用和意义。

(一)验证设备系统功能是否满足设计要求

全自动运行线路设备由信号、车辆、专用通信、综合监控、站台门等多个系统组成,系统间联系更加紧密,接口功能更加完善,同时专用通信等系统又由多个分系统构成,分系统之间具有很强的关联性。系统联调要验证各系统及分系统间的联动关系实时性、完整性及稳定性。

（二）验证设备系统接口参数最优

通过系统联调，验证全自动运行系统硬件设备和软件接口功能达到设计要求，各系统接口冗余性能满足设计要求，优化各接口参数匹配，验证接口系统间通信规约的一致性，实现全自动运行线路全系统整体性能最优化。

（三）验证设备系统在正常和非正常情况下的运行状态

全自动运行线路系统联调在各系统功能实现的基础上，验证正常运营场景、故障及降级场景下的各系统设备运行情况及各系统之间非正常模式的联动和功能。

（四）验证设备系统的性能指标是否达到设计要求

检验各设备系统的性能指标及功能、架构、操作方式等是否满足设计要求和运营管理模式要求；及时发现、排除在系统规范、设计、制造、安装等环节存在的隐患和不足。

（五）验证设备系统整体运行的稳定性和可靠性

全自动运行系统联调是对核心系统功能调试、系统接口调试、动车调试等各阶段成果的验证，通过综合性的功能测试可及时发现前期测试中无法暴露的设计和施工问题，确认系统是否具有高可靠性、安全性和可维修性，是否满足国家标准中的规定要求。

（六）培养运营人员技能

全自动运行系统的场景联调是以调度人员、维护人员及车站操作人员为主体进行现场指挥、设备操作、信息记录和状况反馈，以集成商、供货商、施工单位配合协作的调试验证手段。场景联调要求运营管理单位提前开展联调方案培训，并在系统联调中有效验证，全面提高运营操作人员及管理人员对设备的了解和熟悉，提高运营人员在实际运营中可能出现的事故及突发情况下的应急处理和沟通协调的能力。

（七）检验全自动运行规章制度体系的完整性和可操作性

检验全自动运维体系规章制度和应急预案是否实际契合全自动运营的各种场景要求，通过系统联调提前发现运营管理单位规章制度的薄弱环节并加以深化和完善。

二、一般要求

（一）功能验证要求

1. 信号系统

在系统联调过程中，信号系统的联调需围绕列车安全防护、系统设计最大能力、列车旅行速度及全自动运行专项功能等四个方面进行充分的测试。

（1）列车安全防护方面。应结合《安全评估技术规范》要求，对信号系统可靠性、可用性、可维护性及安全性进行逐一系统验证，包含列车超速安全防护测试、追踪安全防护测试、退行安全防护测试、车门与站台门安全防护测试等。

（2）在系统设计最大能力方面。对最小行车间隔、最小折返时间和全自动系统车辆段出入段线的出车能力都应通过多车联调进行测试。

（3）列车旅行速度方面。旅行速度和列车的停站时间有着密切的关系，在保证充足有效的停站时间的基础上，必须缩短无效的列车停站时间（包括缩短停车后的开门时间、关门后的动车时间，并通过调试达到车门与站台门开关一致性等），从而确保旅行速度处于一个合理的水平。列车进站速度、列车折返时间和通过道岔的速度应在系统联调过程中充分进行测试、优化，为后期的高效运营创造好的条件。

（4）全自动系统专项功能方面。全自动运行线路应在系统联调验证新增的设备及接口功能，包括新增的冗余接口功能、场段自动化管理功能及主备控制中心切换功能，以及全自动运行下蠕动模式、自动对标和跳跃等功能。

2. 车辆系统

在全自动运行系统联调过程中，除了车辆例行试验外，运营管理单位需特别注重乘客体验、全自动运营安全管理及应急处置相关和全自动系统差异功能的测试。

（1）乘客乘车体验方面。要对车门障碍物探测及车门故障隔离（含车门对位隔离）进行全面测试，确保乘客上下车指引准确、动作安全；要对中央乘客调度的乘客引导功能进行验证，包括车辆语音、乘客信息下发的一致性核对，确保乘客在车内接收的信息准确。

（2）全自动运营安全管理及应急处置方面。要对车厢视频调用功能进行验证，确保中央控制大厅对列车运行情况进行监视；要对车辆故障、应急信息进行模拟测试，确保故障及应急信息如车辆火灾、车门解锁等信息及时传递至中央，便于中央调度员与车辆值守人员联动应急处置；要对乘客语音对讲的中央通话功能进行验证，确保乘客在应急情况下及时与中央调度员沟通，便于中央调度员及时了解现场情况并安抚乘客。

（3）全自动系统功能差异方面。要对车辆故障信息的上传及车载设备远控功能进行验证，确保中央车辆调度员准确获取车辆状态信息及应急情况下远控处置。

3. 专用通信系统

专用通信系统涉及传输系统、无线通信系统、乘客信息系统（PIS）、交换系统（公务及专用电话）、视频监控系统（CCTV）、广播系统（PA）等诸多子系统，专用通信系统的联调重点是对专用通信系统全自动功能相关的接口功能进行验证。

在系统联调中应特别注重与客服、调度使用相关的通信功能验证及线路间的互联互通相关测试工作。

（1）调度使用相关功能。系统联调需要对中央无线调度台、车载台、车站固定台及800M手持台进行单呼、组呼、紧急呼叫、全呼等功能进行验证，为行车安全提供通信保障。

（2）乘客服务相关功能。全自动线路系统联调中通信乘客服务相关功能的验证主要是对专用通信与信号、车辆等接口功能的验证，包含车站广播、乘客信息的发布，车站、车厢的视频调用，相关报警信息的视频联动等。

（3）线路间互联互通功能。线网层面应对无线系统、公务电话系统进行线路与线网间的互联测试，便于城市轨道交通线网层级管理。

4. 综合监控系统

综合监控系统联调要分别对常规车站机电系统接口功能及中央信号等接口强化功能进行验证。

（1）综合监控系统在车站集成和互联了几乎所有的机电系统，接口众多，调试、工作量相对较大。在全自动运行线路中，系统联调周期较为紧张，系统间联动功能验证前置条件要求较高。综合监控系统联调应在保障接口测试完整性的基础上对重要机电系统功能进行验证，如机电系统故障一致性测试、防灾联动测试、综合后备盘功能测试等。

（2）全自动运行线路综合监控系统联调的中央级功能验证须对区间设备监控功能、列车运行位置、列车状态信息一致性等功能进行核验，同时要对故障及降级场景下的推图功能进行验证。

5. 站台门系统

全自动运行线路站台门系统联调应从乘客保护、信号接口功能等两个方面进行功能验证。

（1）乘客保护方面。应结合《安全评估技术规范》站台门系统防夹保护、防踏空保护功能进行验证，并测量车站站台门与列车停靠站台时的车体最宽处的间隙。由于全自动运行线路站台门红外光栅接入信号安全回路，系统联调中也应对红外光栅可靠性进行检测，确保乘客上下车安全。

（2）信号接口功能方面。主要对全自动运行系统新增功能进行验证，包括站台中部PSL就地控制盘的"信号联动开关门"功能，列车车门与站台门的对位隔离功能验证等，确保全自动运行模式下，开关门联动、夹人夹物、安全回路中断等场景下的系统功能满足设计要求。

6. 供电系统

供电系统联调，除了针对不同电压等级的开关柜和不同类型的变电所开展的远程三遥功能测试，还须包括全线接触网停送电程控卡片测试。

在完成常规监控功能的基础上，供电系统联调应结合行车开展必要的降级功能验证，包括单边、大单边、大双边等供电方式调整验证，正线支援场段供电、主变电所退出运行环网联络供电的演练等。这些功能与供电设备局部故障下的行车组织直接关联，可与运营演练相结合。

7. 场景联动

场景联动功能验证既要对正常、故障及应急场景的多系统联动进行核验，也要对运营人员的作业规范和应急流程同步进行验证，因此场景联动联调宜与运营场景演练同步组织实施。

（二）联调人员要求

为充分保证系统能力符合运营实际需求，系统综合联调宜由运营管理单位牵头实施，建设单位参与，运营一线人员（调度、站务、维护人员等）具体操作。其中，全自动线路场景联调应由运营管理单位牵头开展，建设单位、投融资单位（或PPP项目公司）及各系统承包商做好配合及保障工作。联调实施前，运营管理单位组织召开准备会，对人员安排、调试内容及前置条件等进行检查落实，因装修及设备安装、调试进度带来的联调功能甩项应报准备会审议决策。

（三）联调前置条件

为确保系统联调高质量及高效率开展，全自动运行线路应结合各系统调试进度及接口关联程度对系统联调前置条件予以明确，条件具备后方可组织人员开展现场调试。前置条件主要要求三个方面：

1. 总体要求方面

（1）系统承包商及设备供应商的值守、保驾、抢修人员已到位，熟悉联调方案并能完成设备操作、故障处理、检修及抢修工作，各现场设备状态良好并处于安全操作状态。

（2）联调现场相关边界条件、安全检查已落实，轨行区处于封闭状态并有专人值守、变电所等重要设备房有承包商专人值守并制定相关防护措施。

（3）联调区域包括车站、区间、车辆段线路的线路标志（线路基标、百米标、坡度标、曲线要素标）、安全标志、疏散标志、信号标志（限速标、警冲标）、停车标等标志标识已齐全。

（4）800 MHz、400 MHz对讲机准备充分并已完成分组，能正常使用。

（5）车站、轨行区、OCC相关设备已完成安装，已完成相应单系统接口调试，具备监控条件。

2. 设备前置条件方面

（1）各系统承包商已完成对照合同功能进行梳理，确认合同要求的功能项在单系统和接口调试中已实现（个别功能未实现的提前提交了联调指挥部议定后甩项）。

（2）承包商已完成单系统及接口调试，包括系统单体试验、调试、子系统及互联系统间接口调试，提供单体试验、调试及接口调试记录表、调试通过证明材料。

（3）已完成联调范围内的系统实体工程，并经检查合格。区间设备开展联调前，轨行区已完成限界检查、热滑，并验收合格，同时完成隧道清扫和冲洗。

3. 场景验证方面

在开展场景联动测试前,各核心系统设备已完成系统联调,同时运营管理单位已完成全自动运营场景文件发布及相关应急预案发布。

三、联调科目设置

(一)科目设置原则

全自动运行线路系统联调科目设置,应围绕充分验证行车设备可靠性、核心系统冗余能力展开,同时对于行车设备类联调科目、非行车设备类联调科目应采用不同原则。行车设备类联调主要围绕信号、车辆相关系统的FAO功能进行重点验证,非行车设备类联调科目主要为车站/区间运营服务相关的机电设备系统测试,重点开展消防联动测试验证等防灾联动测试。同时应根据线路特点及系统差异进行联调科目的调整,以保障设计方案和运营需求的有效衔接。

综上,系统联调科目设置宜按以下原则开展:

(1)围绕行车安全,充分验证系统安全防护能力。重点对信号、车辆、站台门等系统安全防护能力进行测试。

(2)围绕故障处置和应急指挥,充分验证控制中心的远程监视和远程控制功能。重点就车辆调度、行车调度和乘客调度对列车的状态监视、设备复位、紧急对讲及远程人工广播等功能进行测试。

(3)围绕五大核心系统,充分验证系统联动功能。重点对车辆、信号、专用通信、综合监控及站台门的新增关键功能和接口功能进行验证,尤其对系统联动功能进行验证。

(4)围绕全自动运行场景,对场景联动功能进行验证。重点对全自动运行联动场景进行全方位的综合测试,由运营调度人员、行车值班员、客运值班员以及维保人员全面参与,对系统联动功能、规章、预案、人员进行全面检验。

(5)围绕全自动运行稳定性测试,对全自动运行系统的可靠性、安全性、联动成功率等进行验证，全面检验系统的综合性能指标。

（二）具体科目设置

结合全自动运行线路的系统特点，为充分验证系统功能，联调科目设置及测试内容宜包含以下方面，样例详见附件一。

1. 核心系统联调

（1）车辆系统联调：包括轮轨关系测试、弓网关系测试及车辆安全防护功能测试、车辆专家工作站功能测试。

（2）信号系统联调：包括列车防护功能测试、行车性能测试、出入段能力测试等常规功能，以及FAO相关功能，包括全自动运行授权、远程重启车载设备、列车清客、控制中心远控功能等。

（3）专用通信系统联调：包括接口系统对时联调，CCTV、PIS、PA、无线列调等联动控制。

（4）综合监控系统联调：包括防灾联动功能测试、综合后备盘功能测试、区间设备联调等。

（5）站台门系统联调：主要测试乘客安全防护相关功能，包括乘客保护功能测试、安全防护测试。

（6）供电系统联调：主要测试内容包括单边、大单边、大双边供电能力测试，主变电所退出运行环网联络供电测试、直流牵引负荷能力测试等。

2. 全自动运行场景联调

场景联动测试是全自动运行线路系统联调工作的重中之重，应由运营管理单位按照规章制度组织运营人员，以演练实战的方式对全自动系统所包含的正常场景、故障场景和应急场景的主要项目进行充分验证。测试内容宜包含场段全自动相关功能测试、正线运行相关联动功能测试和车站联动相关功能测试。

全自动运行系统场景联调结束后，在试运行前应进行全自动运行系统稳定性测试，主要验证内容包括：休眠唤醒成功率、FAM模式兑现率、对位隔离成功率、FAM模式停车精度、运行图兑现率、列车运行正点率、站台门/车门联动成功率、洗车机联动成功率等。

四、联调组织与实施

（一）实施原则

系统联调阶段处于工程建设收尾向运营使用部门全面过渡的关键时期，因此系统联调的组织筹划尤为重要，全自动运行系统联调工作的各项准备工作宜在系统联调前6个月启动（根据线路长度及建设工期可做相应调整），主要涉及的工作有综合联调指挥部成立、规章制度建设、联调方案编制及评审、联调前置条件检查及实施制定各专业设备检修规程、检修管理制度等，具体时间计划安排可参考图4-24。

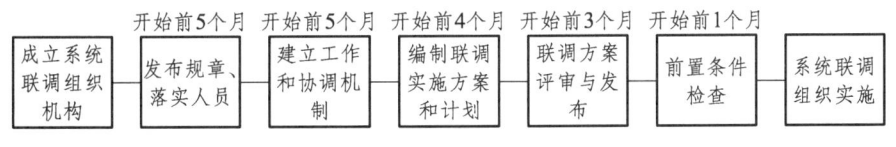

图4-24　系统联调准备工作开展示意图

由于系统间接口联系紧密，全自动运行系统联调应统一规划各系统接口调试及系统联调计划，同时统筹轨行区调试计划以有效提升轨行区利用率。

（二）联调组织架构

国内各城市地铁单位的组织架构存在差异，建设管理的模式和调试组织方式也存在差异。由于全自动运行线路各系统间联系紧密、联动功能更加丰富，系统联调须协调更多的系统专业，因此对调试组织机构执行力的要求较常规线路更高。

全自动运行线路宜成立联调统筹指挥机构（以下简称"指挥部"）统一管

理系统联调中的各个环节,由建设单位、运营管理单位、投融资(或PPP项目公司)、设计及监理等相关单位人员参与,全面统筹移交接管、系统联调等工作。各城市可根据组织架构的不同对系统联调组织机构进行调整优化。联调组织流程图例如图4-25所示。

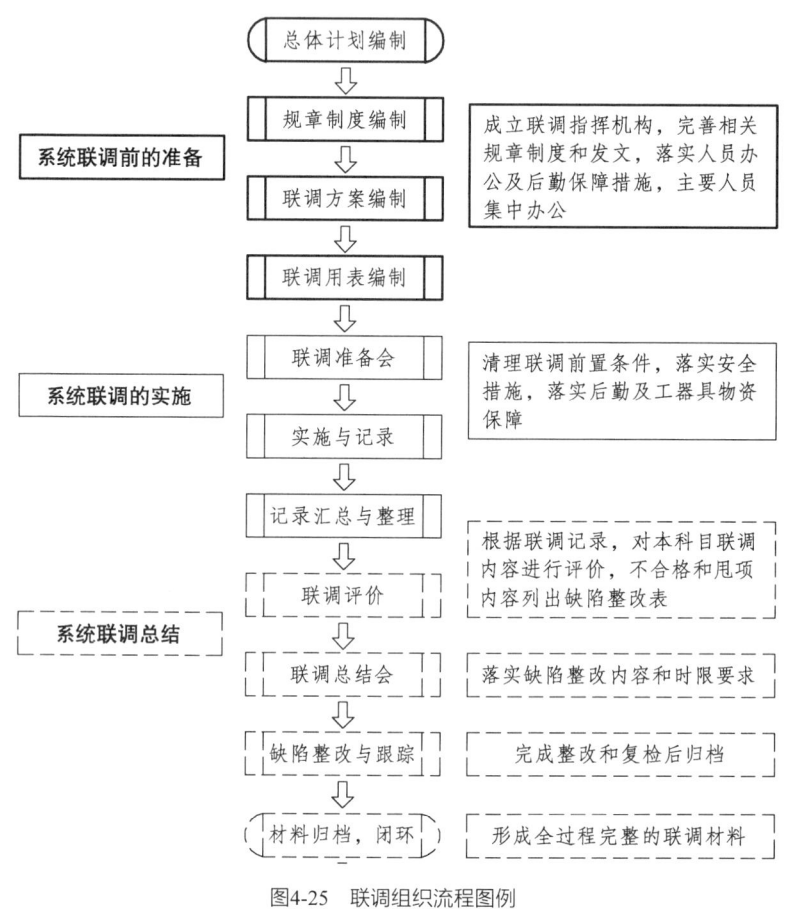

图4-25 联调组织流程图例

(三)联调统筹机构

联调指挥部统筹负责推进工程建设、系统调试及运营筹备工作,全面领导建设单位、运营管理单位及各承包商和参建单位,统筹协调调试阶段各项工作，督促各单位按职责和合同要求开展联调相关工作。

联调指挥部是系统联调的统筹指挥机构，负责联调方案的审批、联调计划的发布、联调进度的督促，同时还须负责联调过程中各单位争议的协调。指挥部宜由地铁公司集团层面领导担任指挥长，建设公司和运营公司主要领导担任组员，这样更利于资源的调动和进度的推动。为充分保证系统能力符合运营实际需求，系统联调宜由运营管理单位牵头组织开展。

为高效组织系统联调工作，联调指挥部建议成立工作组具体开展系统联调工作，小组设置及职责划分宜采用以下原则。

1. 总体协调组

总体牵头系统联调工作，负责方案审核、计划协调和进度跟踪，定期召开联调工作例会，对联调过程中发现的问题进行分析，对联调工作进行全面管理。

2. 方案资料组

负责对联调科目设置进行相关研究并确定具体科目；负责联调方案的编制；负责对联调过程数据进行跟踪，督促相关责任人员进行全面记录和提交；负责收集调试进展情况，形成系统联调定期报表；负责收集和汇总相关的联调资料，形成定期汇报材料和总结报告。

3. 调度计划组

应由运营管理单位牵头，负责具体系统联调计划申请的审批，负责相关施工及作业令的批准；负责系统联调过程中的调度指挥和组织协调。

4. 安全与综合保障组

负责调试安全的卡控、检查，对相关违章及存在安全隐患责任部门进行通报，并报公司按相关规章制度进行处罚；负责系统联调的相关宣传工作；负责牵头各类规章的编制工作及系统联调人员培训及评价工作；负责合理安排联调联试人员的交通、就餐等后勤工作。

5. 调试实施组

宜由运营管理单位牵头，负责按调试方案组织系统联调，跟催调试过程中的现场数据记录和整理，形成调试报告。

6. 尾工消缺组

宜由运营管理单位牵头，负责将联调问题纳入问题库进行闭环管理。联调问题库包括问题描述、责任单位、整改要求、完成时限和各责任单位签字确认等内容。责任单位在规定时间内完成消缺后，填写消缺整改表，监理单位签字确认后提交运营部门，运营管理单位组织人员进行复测确认后，消缺完成，形成闭环管理。

（四）人员培训要求

《安全评估技术规范》中对各岗位运营人员的培训学时、岗位技能有明确要求，运营人员应经过系统的专业培训并应具备丰富的实操经验，熟悉工作流程与工作内容，并应熟知应急情况下的应急处置流程。因此单纯的理论培训不足以满足实际运营组织需要。运营人员全面参与系统联调工作有助于运营人员熟悉设备情况及设备操作，同时也要求运营人员要依据设计标准对所有设备进行测试和验证，因此系统联调开展的前提条件之一是确保参与系统联调的运营一线人员完成相关培训并通过相应考核标准。全自动运行系统联调由于系统功能差异较大，还应对各岗位开展全自动运行系统差异化培训。

1. 培训科目要求

（1）中央调度员。

根据各岗位需求开展系统设备操作培训，熟练掌握各类调度台的操作步骤；应完成系统联调方案培训，结合系统联调实施方案进一步强化调度规章和手册的理解；应开展全自动运行差异化功能培训，进一步理解系统联调实施方案要求和操作要求。

（2）行车值班员。

行车值班员在完成系统岗位培训持证上岗的基础上应进行行车系统基础知识培训，如ATS操作及调度台等操作培训，应进行全自动线路SPKS及站台门的专项培训；应进行车站系统设备培训，如终端设备使用培训及机电设备基础知识培训。

（3）客运服务人员。

客运服务人员主要负责车站的客运服务和客流引导，在完成系统岗位培训持证上岗的基础上，应完成全自动线路站台门故障处置差异培训，完成系统联调方案培训，熟悉掌握车站系统联调科目的功能要求及测试结果。

（4）设备维护人员

设备维护人员是保障地铁设备正常运行的专业人员，在完成系统岗位培训持证上岗的基础上应开展设备基础知识培训及系统差异化培训，全面了解系统设计和功能要求；应开展设备维护培训，确保系统联调过程中的故障处置，并在系统联调中进一步验证故障处置流程是否合理；应开展系统联调方案培训，全面掌握系统联调组织要求，做好现场调试组织及现场管理。

2. 培训考核要求

培训考核指标的建立有助于确保系统联调的培训效果，宜建立运营人员系统联调培训效果评估考核标准，通过对系统的基本知识、设备操作熟练度、流程熟悉情况等进行考核评估，形成运营人员联调技能评估表。考核完成后，运营管理单位的人力资源部门应对考核结果进行多维度分析，有助于对系统联调人才梯队建设，并对考核结果反映出的问题进行进一步优化调整。

（五）联调完成总结

全自动运行系统联调的方案、测试记录和总结等过程资料作为全自动运行系统筹备的重要基础材料，应在系统联调完成后逐一整理并归档。相关材料包括前期技术资料（含场景文件、系统设计文件等）、系统联调报告及相关附件材料等，归档可按纸质材料和电子文档两种方式进行。系统联调的归档材料宜包含的内容如图4-26所示。

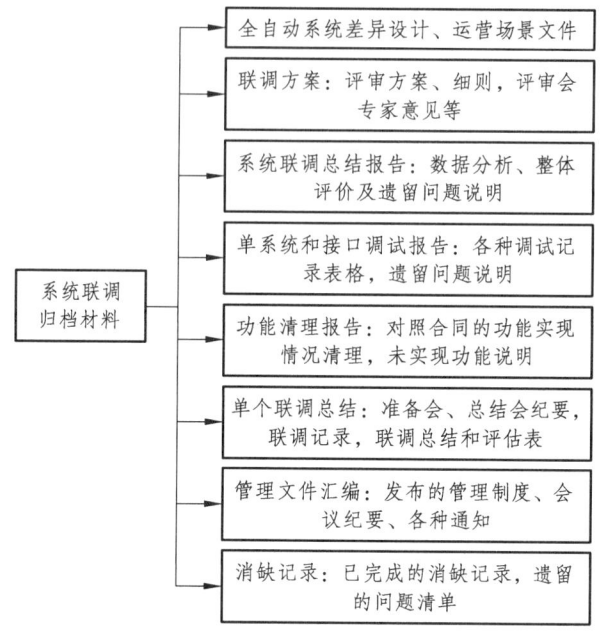

图4-26 系统联调归档资料

第四节 本章小结

全自动线路调试是全自动线路运营管理的重要课题之一，把握调试管理的关键内容和重要步骤对运营管理单位极其重要，尽管一致性协调方及各系统承包商都在各个调试阶段起着关键的作用，但系统调试成功的关键更多地是依靠运营管理单位的统筹协调和督促推进，应充分利用系统调试阶段对运营人员进行打磨锤炼，形成一支业务精通、技术娴熟的运营管理队伍，提升全自动运营管理实力。

同时，全自动运行线路调试周期长、内容复杂，调试工期筹划是调试顺利开展的基础，运营管理单位应结合各个阶段调试内容及线路工筹节点提前进行统筹安排，为分批次循序渐进的分段调试创造良好条件。在此基础上，对全自动系统的深入分析与科目设置是整个系统调试的核心，运营管理单位可结合线路功能需求开展差异化分析，以"覆盖全面，突出差异"为主线开展核心系统调试、多方接口调试及系统联调，确保线路按照GoA4级运营标准各项运营功能准备。

第五章 全自动运行线路规章制度建设

规章制度是运营管理单位用于人员管理、运营过程管理的规定和制度总和，是全自动运营管理工作的基石。运营管理单位应在开通评审前完成全部规章制度的发布。合理有序的规章制度建设能有效盘活人力资源，促进技术进步，提升运维效率，保障运营组织平稳有序进行。相较常规线路，全自动运行线路有着集成度和安全等级更高的特点，因此规章制度建设不论是系统设备还是管理模式都有明显差异。

本章对全自动线路规章编制要求进行了说明，并通过全自动线路与常规线路的差异梳理，从安全管理、设备维保、客运服务等方面明确全自动线路差异化规章梳理范围，并根据范围提出各全自动规章的编制方向。

第一节 规章制度编制要求

规章制度的编制通常先建立编制组及领导小组，而后根据常规路线与全自动运行线路的系统设计差异、功能差异以及造成的现场差异进行增补，以达到全面构成规章体系的效果。

一、制度编制运作机制

在启动制度编制工作前，为确保制度的完整和实用，根据分工，由运营管理单位成立编制组、评审组，同时建立领导工作小组，明确制度实现目的和框架搭建，牵头落实制度编制到发布过程中的各项基础条件保证，并在编制过程中及时纠偏。也可通过本行业专家或者专业咨询公司成立咨询小组，特别是无全自动筹备经验的运营团队，咨询小组须为运营管理单位提供技术咨询、论证并完成各项规章评审工作，以确保制度落地的可靠性和可执行性。

二、制度编制原则

运营规章制度编制在维持正常运转、约束员工行为的同时应满足多项编制原则，一般包含以下三点：一是坚持遵循和满足现行法律法规、政策政令以及本运营管理单位实施范围内上级各项规章制度要求；二是坚持与运营管理单位的发展目标和目前状况相关联匹配的原则；三是坚持规章可用性、系统性及科学性的原则。

第二节 规章制度体系构成

全自动运行线路规章体系架构取决于运营管理单位的组织结构，但总体制度建设需求须全面涵盖，通常由安全管理类、行车管理类、服务管理类、维护维修类、操作办法类制度构成，并能有效指导全自动运行线路运营管理及设备维护管理。

一、制度体系构建要求

轨道交通规章体系构建工作是一项较为复杂的系统工程，其中既包含规章制度体系结构、目录的设计等基础工作，又涉及技术规章相关编制、管理方面的制度、过程监督等较为具体的管理业务，还需具备成熟的技术手段作为支撑，在各个环节上相互管理、协同作用的同时，尽量减少交叉和方向目标不一致的问题，这样才能保证体系建立工作目标能够平稳实现。因此，在全自动制度体系研究的过程中，往往以组织架构和系统技术作为研究基础，并与常规线路得出的规章制度实践经验相结合，最终达到提升系统性、科学性和可行性的目标。

二、制度体系组成

按照常规组织架构分为线网类规章制度和线路类规章制度，线网级规章制度应包含COCC设备维护与乘客调度、行调、车辆调度的设备操作与应急处置指南，线路级规章制度需对安全、行车、客服、设备、操作以及应急处置进行规定。根据维护需求和人员配置，常规全自动规章制度体系构成大体如图5-1所示。

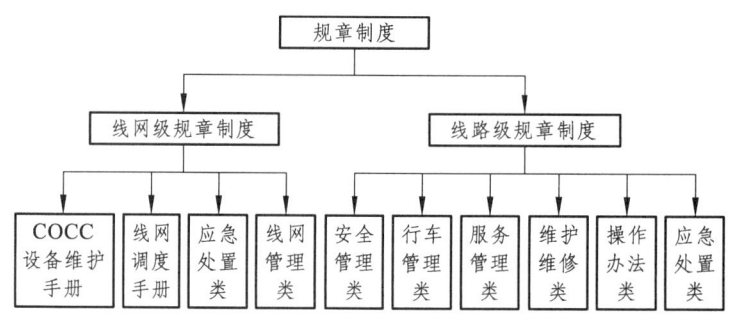

图5-1 常规全自动规章制度体系

（一）线网级制度

线网级制度包含各调度工作手册、门禁管理、故障处理指南以及行车组织规则和各类突发应急故障处置程序制定，体系建立应包含以下制度。

1. 线网设备维护

针对COCC广播、视频监控、综合监控、门禁及通信无线系统设备，建立维护保养、操作以及培训相关手册，如《COCC广播系统维护操作手册》《COCC视频监控系统操作维护手册》《COCC通信无线调度子系统操作维护手册》《COCC各系统设备检修规程》《COCC信号ATS子系统操作维护作手册》《线网门禁授权系统操作与维护手册》《线网施工检修管理规则》《COCC信号ATS子系统维护手册》等。

2. 线网调度手册

线网调度手册包括行车调度、车辆调度、乘客调度、设备调度、电力调度等岗位的工作手册，以明确线网调度岗位日常工作要求和线网监控设备操作要点。如《车辆调度手册》《乘客调度手册》《电力调度手册》《行车调度手册》《设备调度手册》《线网信息调度手册》《运营调度手册》等。

3. 应急处置类

应急处置类应对设备故障、清客救援、大客流应急处置等突发应急问题进行梳理，并建立相应的处理流程和制度，如《大客流应急处置程序》《线网行车组织规则》《线网指挥联动管理办法》。

4. 线网管理类

线网管理类指包含线网指挥联动、各调度信息管理等日常工作的制度，形成线网运转机制，保证COCC对运营组织的统一管理要求，如《COCC运作手册》《线网调度管理规则》《线网信息管理规则》。

（二）线路级制度

1. 安全管理类

安全管理类包括各岗位安全工作规程、风险分级管控和隐患排查治理、劳动安全、安全检查、安全教育培训和考核、危险品管理、保护区安全管理、关键信息系统等级保护、信息系统安全管理等，可按照表5-1开展线路级安全制度体系建立工作。

表5-1 线路级安全制度体系

序号	制度名称	序号	制度名称
1	运营安全生产问责管理制度	15	轨道交通乘客人身伤亡管理办法
2	安保管理办法	16	轨道交通控制保护区管理办法
3	安全标志管理办法	17	环境保护管理制度
4	安全风险分级管控和隐患排查治理双重预防管理制度	18	劳动防护用品管理办法
5	安全监督检查制度	19	密钥卡管理办法
6	安全教育培训制度	20	票务违章责任处理办法
7	安全生产奖惩办法（试行）	21	调度专业安全工作规程
8	安全生产投入保障制度	22	危险品管理制度
9	安全生产责任制度	23	职业卫生管理制度
10	安全协议管理办法	24	消防安全管理制度
11	车辆段设备通用安全管理规定	25	信息系统安全管理办法
12	防汛管理制度	26	应急演练管理办法（试行）
13	工伤管理办法	27	安保管理办法
14	公共安全防范及内部治安保卫管理制度	28	运营事故（事件）报告及调查管理办法

2. 行车管理类

行车管理类包括行车管理办法、车辆基地及车站行车工作细则、调度工作规则和检修施工管理办法等，如《行车组织细则》《电话闭塞行车组织办法》

《值乘人员工作指导手册》《全自动运行线路场段调度工作手册》《列车驾驶室登乘管理办法》等。

3. 服务管理类

服务管理类包括客运管理制度和服务质量标准、企业内部服务监督检查管理办法、票务管理办法和车站环境管理办法，如《客运组织方案》《一站一预案》《车票管理办法》《客运服务标准》等。

4. 维护维修类

维护维修类包括车辆、信号、通信、机电等各专业设施设备系统检修规程，以及技术质量和检修管理制度，如《专业系统检修规程》《专业技术管理办法》《设备质量管理办法》及各专业中大修规程等。

5. 操作办法类

操作办法类包括各岗位操作规程、各专业系统操作手册，如各专业设备作业指导书、ATS工作站操作维护手册、车辆专家工作站操作指导书等。

6. 应急处置类

应急处置类包括应急信息报送、应急值守和报告、乘客应急信息发布、乘客伤亡事故处置和运营突发事件（事故）调查处理等，可建立应急管理制度见表5-2。

表5-2 应急处置管理制度

应急处置类			
序号	制度名称	序号	制度名称
1	汛灾专项应急预案	14	反恐及社会安全事件专项应急预案
2	车辆应急救援管理细则	15	行车突发事件专项应急预案
3	车辆运用专业现场处置方案	16	火灾专项应急预案
4	供变电专业现场处置方案	17	客运突发事件专项应急预案

续表

应急处置类			
序号	制度名称	序号	制度名称
5	轨道专业现场处置方案	18	票务专项应急预案
6	机电专业现场处置方案	19	设备故障专项应急预案
7	接触网专业现场处置方案	20	特种设备专项应急预案
8	土建结构专业现场处置方案	21	调度专业应急处置方案
9	一场（段）一预案	22	突发公共卫生事件专项应急预案
10	一场（段）一预案	23	网络与信息安全专项应急预案
11	站务专业现场处置方案	24	应急管理制度
12	自动化专业现场处置方案	25	自然灾害专项应急预案
13	城市轨道交通控制保护区外部作业专项应急预案	26	综合应急预案

第三节　差异化规章制度

全自动线路针对设备和管理上的差异化设计，需新增差异化要求以补全全自动规章制度体系的完整性。

一、安全管理类制度

因此，应结合全自动线路特点和设备的差异化功能修订全自动运行风险数据库和各专业安全工作规程，主要针对全自动设备差异性补充设备运营风险管控机制和岗位的安全作业注意事项；应修订施工管理相关办法，规范轨行区与场段施工管理和安全卡控，并考虑新增场段发车后天窗期的施工管理要求。

二、行车管理制度

应细化和差异化修订《行车组织细则》，增加全自动正线行车、场段调车组织流程，有人区和无人区界面管理、SPKS激活与防护流程以及遇到各类故障如电客车故障、区间迫停、对标不准、信号故障降级等应急处理流程；根据调度岗位与复合岗位增设，增加《乘客调度手册》《行车调度手册》《车辆调度手册》《复合/融合岗位工作指导手册》等制度，明确各全自动设备如ATS、MDIAS的监控、远程应急操作、乘客紧急报警处理以及正线值乘人员应急驾驶要求。

三、服务管理制度

应考虑开放式司机室条件下，运用值乘人员在正线值乘时的巡查和服务标准，同时修订安保相关管理办法，明确列车保安的值乘巡查和客运服务处置方式，以及应急驾驶时对驾驶人员的防护职责。

四、检修维护和操作办法类制度

一是须在《地铁运营技术管理规程》增加全自动运营相关篇章，明确全自动运行线路运营生产的基本技术要求和基本管理准则；二是针对全自动SPKS防护方面，增加《SPKS设备作业指导书》《SPKS维修维护手册》《SPKS设备培训手册》等SPKS防护指导要求和管理手册；三是根据电客车电气线缆与器件布局，信号专业BOCC切换和与多专业接口的差异性，应对应修订全自动运行模式下，各专业设备新的检修规程和新的检修模式，如《电客车周检规程》《电客车均衡修规程》《信号专业检修规程》；四是适应全自动模式下站台门IBP盘旁路以及对位隔离等功能，制定《站台门运行检修规程》《站台门操作手册》等制度以满足全自动运行线路特点的日常生产维保工作需求。

五、应急处置类制度

需针对全自动线路正线夹人夹物、清客按钮、紧停按压、车辆救援等设备差异性形成各专业现场处置方案；针对消防、防汛、反恐等突发应急事件，结合全自动运营管理特点制定《一场一预案》《汛灾专项应急预案》《城市轨道交通控制保护区外部作业专项应急预案》《反恐及社会安全事件专项应急预案》《行车突发事件专项应急预案》《火灾专项应急预案》等应急管理制度。

第四节 本章小结

规章制度的编制和建立不仅仅是各项文件标准的建立，对于运营管理单位而言，更多的则是涉及管理思路的融合和再提升。国内绝大部分城市对于全自动运行线路的运营管理经验都较为薄弱，在筹备期更需要制度建设以保证安全生产和平稳运营。

相对于常规线路，全自动运行线路更注重与各岗位充分的关联性，关注应急处置如何合理制定DTO/UTO模式下的流程，更注意全自动运行线路特殊设备的检修要求及管理要求，运营管理单位应充分查漏补缺，解决制度上的缺失点，补全各项安全卡控措施，使得全员对全自动运行线路的特殊性、差异性、共同性以及工作内容有充分认知。同时，全自动运行线路规章体系建立后可不断利用系统调试、应急演练等机会进行调整及充分验证，进一步检验制度科学合理性，确保运营单位的各项管理机制充分落地。

第六章 全自动运行线路安全与应急管理

城市轨道交通线路系统设计内容多，体系庞大，这也导致城市轨道交通安全与应急管理具有复杂性和多样性的特点，需结合线路特点制定科学、完善的安全管理体系和应急管理预案，识别城市轨道交通线路运行中存在的安全风险并及时排除安全隐患。而全自动运行线路在实际生产运营过程中，新设备、新技术、新员工的"三新"现象凸显，可能造成生产安全事故、突发事件的风险也相应增加。本章将从运营管理角度出发，以运营安全风险管理与应急管理理论为基础，介绍全自动运营风险差异和全自动运行线路应急体系建设及应急预案设置。

第一节　安全风险辨识

全自动运行线路安全风险包含了可能引发事故的各种因素，安全风险辨识应着重考虑全自动运行线路在人、机、管、环四大方面与常规线路之间的差异性。在城市轨道交通运营中一般采用风险矩阵（$L·S$）工具对各项风险指标开展评估，全自动运行线路则需结合风险矩阵（$L·S$）工具对安全风险差异性开展进一步细化研究。

一、安全风险评估工具

运营管理单位安全风险等级（R）由风险事件发生的可能性（L）和后果严

重程度（S）两个指标决定：$R=L \times S$。

1. 可能性指标分级标准

可能性（L）统一划分为六个级别：极高、高、中等、低、较低、极低。判断标准详见表6-1。

表6-1　风险事件发生可能性（L）判断标准表

序号	可能性级别	发生的可能性	取值	判断标准
1	极高	可能性非常大	$9 < L \leq 10$	1．已经发生过类似事故或事件，且没有采取防护措施或采取现有防护措施后依然发生类似事故或事件； 2．其他企业多次发生过类似的事故或事件，而本企业也明显存在导致该类事故事件发生的条件的； 3．明显违反国家有关安全操作、设备设施安全性能要求等强制性标准； 4．设备设施的定期检测结果严重不符合国家法律法规的安全要求或行业标准，且在规定的时间间隔内没有进行整改的； 5．操作规章未建立； 6．人员无证上岗； 7．设备设施严重超负荷运转； 8．设备设施没有经过专业检查
2	高	很有可能	$6 < L \leq 9$	1．安全操作规程培训不到位； 2．经常出现违反安全操作规程的行为，但没有发生事故； 3．设备设施有时出现超负荷运转，但不是严重超负荷运转； 4．设备设施的定期检测结果不符合国家法律法规的安全要求或行业标准，且在规定的时间间隔内没有进行整改的； 5．使用超期没有经过检查的设备； 6．一年内可能发生多次

续表

序号	可能性级别	发生的可能性	取值	判断标准
3	中等	可能	$3 < L \leqslant 6$	1. 有时会出现违章行为； 2. 导致事故发生的触发因素容易被发现； 3. 过去曾经发生类似事故或事件； 4. 一年内可能发生一次
4	低	可能性较小	$1 < L \leqslant 3$	1. 已有控制措施，但员工安全意识不是很高； 2. 三年内可能发生一次
5	较低	不大可能	$0.5 < L \leqslant 1$	1. 有充分、有效的控制措施，偶尔出现措施没有严格执行的情况； 2. 设备安全条件较好，但员工安全卫生意识不是很高； 3. 五年内可能发生一次
6	极低	极不可能	$0 < L \leqslant 0.5$	1. 危险因素一旦发生能及时发现，并定期进行监测； 2. 风险的发生需要多个条件，而这几个条件发生的可能性都较小； 3. 十年内可能发生一次

注：可能性指标取值为区间内的整数或最多一位小数。

2. 后果严重程度分级标准

后果严重程度（S）统一划分为五个级别：非常严重、严重、较严重、一般严重、不严重。后果严重程度分级标准详见表6-2。

表6-2 后果严重程度（S）等级取值表

后果严重程度等级	后果严重程度总体判断标准	取值
非常严重	达到较大事故及以上的	10
严重	达到一般事故的	7
较严重	达到险性事件的	3
一般严重	达到A类一般事件的	2
不严重	达到B类一般事件，或未达B类一般事件但是会造成一定后果的	1

3. 风险等级评估标准

风险等级（R）从高到低依次划分为四级：重大、较大、一般、较小四个等级。风险等级取值区间详见表6-3。

表6-3 风险等级取值区间表（R）

风险等级	风险等级取值区间	对应颜色
重大	$55 < R \leq 100$	红
较大	$20 < R \leq 55$	橙
一般	$5 < R \leq 20$	黄
较小	$0 < R \leq 5$	蓝

二、安全风险差异性

全自动运行线路的列车唤醒、休眠、出入库、正线运行、折返等作业均由系统自动控制完成，系统高度的自动化与智能化对全自动运行线路的安全保障要求更高，在研究安全风险差异性时，需要从系统要求、设备差异与运营整体环境入手，分为行车客运风险、设备风险及运行环境风险三方面开展分析，并从"人、机、环、管"多角度落实管控措施。

（一）行车客运风险

全自动运行线路因其自身设备优势，日常行车作业相比常规线路具备的人为风险因素更少，OCC调度、站务设备操作和监控职能更多。因此全自动运行线路风险管控在人的方面，需要重点考虑OCC调度、站务新增设备操作职责、监控职责、特殊运行条件下存在的人工驾驶，以及设备替代人工实现全自动运行部分的职能，如：火灾联动、站台空隙监测、中央远程区间停车、中央远程开关站台门、中央远程复位设备、SPKS防护、清客确认、站台中部PSL盘等方面。行车客运风险数据统计如图6-1所示，行车客运风险管控措施见表6-4。

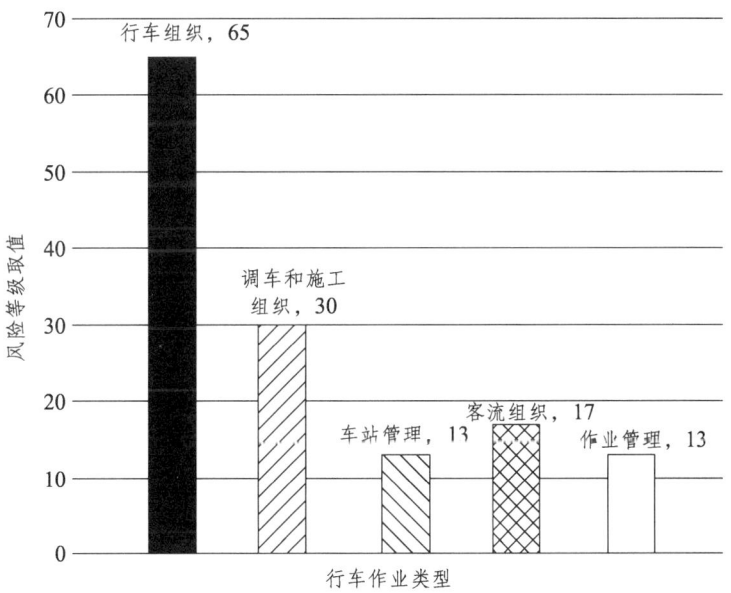

图6-1 行车客运风险数据统计

表6-4 行车客运风险管控措施

序号	责任岗位	风险描述	管控措施
1	值班站长/值班员/站务员	各车站清客作业时，清客错误执行清客命令或清客不彻底造成行车事件	1．管理： （1）制定《客运突发事件专项应急预案》《客运专业行车业务指南》《车站清客流程》《一站一预案》，明确紧急情况下站务专业应急清客要求、疏散管控措施； （2）制定年度培训计划及演练计划，并按计划开展应急预案培训及清客演练。 （3）建立与公安的协作机制。 2．人： （1）车站人员接收、传达调度命令时应执行双人应答复诵制，做好调令核对，遇有疑问处及时询问核实，严禁臆测调度命令导致错误清客情况。 （2）加强应急预案的培训学习及应急演练，提升车站人员应急处置能力，做好应急处置和信息汇报，参与处置人员具备必要的客运组织能力和清客应急处置能力。 （3）通过演练检验站务及三保人员应急处置能力，对发现的问题进行回炉培训。 （4）应急情况下可采取关闭安检点、票亭等方式增加现场处置人员，确保准确、快速完成临时清客作业。 （5）遇临时清客时，行值及时播放清客广播，车站现场人员做好乘客引导，避免造成恐慌情况。 3．物： 按标准完成车站客服备品的配置，日常做好备品维护充电，保证数量齐全、状态良好。 4．环境： 针对线路老化情况，故障频率较高的车站需加强行车突发事件进行安全预想，做好应急准备

续表

序号	责任岗位	风险描述	管控措施
2	车上值守人员	列车降级运行，车上值守人员未严格执行站台作业，导致夹人夹物动车	1．管理： （1）认真执行《全自动运行线路车上值守人员手册》、《全自动运行线路标准化作业程序》，严格按照规定进行站台作业。 （2）班组做好员工站台作业监督检查管理。 （3）做好行车设备排查，发生异常及时整改。 （4）组织员工定期开展培训。 2．人： （1）按照要求严格执行站台作业。 （2）做好车门、站台门开关状态及空隙确认。 （3）严格按规定速度驾驶列车在规定位置准确停车。 （4）发现站台PSL盘、尾端灯带显示异常及时报告行调。 3．物： （1）定期开展灯带及红外光栅检修。 （2）定期开展设备隐患排查
3	车上值守人员	场段无人区与有人区之间调车或线转线作业时，车上值守人员未确认隔断门状态，导致列车发生碰撞或设备损坏	1．管理： （1）制定《全自动运行线路车上值守人员手册》，作出明确要求。 （2）制定场段调车标准化作业程序。 （3）制定转线作业程序。 （4）每月对作业人员开展业务提升培训，并不定期开展现场检查。 （5）手动驾驶时必须开启前照灯。 2．人： （1）严格执行标准化作业，列车运行中加强线路瞭望，在隔断门前须停车确认。

续表

序号	责任岗位	风险描述	管控措施
3	车上值守人员	场段无人区与有人区之间调车或线转线作业时，车上值守人员未确认隔断门状态，导致列车发生碰撞或设备损坏	（2）停车检查应检查到位，发现异常及时报告行调/场段运用调度，严禁擅自动车。 3．物： （1）隔断门功能正常，状态良好。 （2）车辆前照灯功能良好。 4．环境： 隔断门区域照明良好
4	车上值守人员	列车降级运行，乘客强行闯入驾驶室，可能擅自操作设备或干扰车上值守人员驾驶，影响列车运行	1．管理： （1）《全自动运行线路现场处置方案》中明确处置流程。 （2）要求车上值守人员持续开展相应培训及演练。 2．人： （1）及时将现场情况报告行调，按行调命令执行。 （2）对驾驶端人员清场，设置好警示带，通知保安到驾驶端维持现场秩序。 （3）车上值守人员手动驾驶技能熟练。 3．物： （1）应急备品齐全，状态良好。 （2）单兵对讲机功能良好
5	车上值守人员	FAM列车自动运行时，	1．管理： （1）在《全自动运行线路电客车常见故障应急处置程序》中明确故障处置流程。 （2）班组做好电客车常见故障处理程序培训。

续表

序号	责任岗位	风险描述	管控措施
5	车上值守人员	若障碍物检测装置发生故障失灵，列车监控不到位，可能造成列车发生撞击后不能自动触发紧急停车，导致列车脱轨、倾覆	2．人： （1）发生该故障时，严格按照要求进行处理。 （2）若列车降级至人工驾驶时，按《全自动运行线路标准化作业程序》执行。 （3）列车运行过程中发现异常情况，及时报告行调。 3．物： （1）定期对该装置进行检查，维护，障碍物检测装置功能良好。 （2）随身携带行车备品状态良好，且正确佩戴。 4．环境： 区间隧道照明良好
6	车上值守人员	全自动运行列车驾驶台盖板未锁闭到位，可能导致乘客开启后操作紧急停车或破坏，对行车组织造成影响	1．管理： （1）在《全自动运行线路车上值守人员手册》中明确相应处要求。 （2）做好规章制度宣贯及落实。 2．人： （1）按照《全自动运行线路车上值守人员手册》要求执行。 （2）列车整备作业时，必须确认盖板锁闭情况，无法锁闭及时报告场段运用调度。 （3）正线巡检作业发现盖板锁闭异常时，及时报告行调并锁闭到位。 3．物： 定期对该装置进行检查，维护，驾驶台盖板锁功能良好

续表

序号	责任岗位	风险描述	管控措施
7	车上值守人员	人员进入错误股道或列车唤醒后上、下车,可能造成人车冲突、列车唤醒失败	1．管理： （1）在《全自动运行线路车上值守人员标准化作业程序》及《全自动运行线路车上值守人员手册》明确执行要求。 （2）进行日常宣讲并组织进行培训。 2．人： （1）车上值守人员严格按照《全自动运行线路车上值守人员标准化作业程序》及《全自动运行线路车上值守人员手册》执行。 （2）认真核对股道编号及登乘车次、车号,避免错误进入股道。 （3）列车上电后,若须添乘列车,必须在运行端驾驶室上车,上车前须征得行调或场段运用调度同意。 3．环境： 保障库区照明良好
8	值班站长/值班员/站务员	全自动运行线路站台门故障处置错误,可能耽误行车、人员受伤	1．管理： 组织全自动运行线路全员对新故障纸使用要求及方法进行学习,值班站长持续进行宣贯培训。 2．人： （1）车站全员做好新下发处置流程方法学习,值班站长通过班中一练形式抽查检验员工掌握情况。 （2）现场人员显示"好了"信号或行车值班员上报行调前与卡控岗进行确认。 3．物： 每日运检对PSL盘及四角钥匙进行测试,每周一对LCB进行测试,确保使用良好。 4．环境： 高峰期间增加卡控人员

续表

序号	责任岗位	风险描述	管控措施
9	值班站长/值班员/站务员	未确认站台安全，擅自操作互锁解除或旁路站台门障碍物探测装置，列车自动动车可能导致行车事故	1．管理： （1）制定《全自动运行线路站台门系统故障应急处理指南》。 （2）制定《全自动运行线路全自动线路差异化学习手册》，对站台门处置进行细化。 （3）加强站务人员业务培训。 2．人： （1）严禁擅自操作互锁解除或旁路站台门障碍物探测装置，需经行调同意才能操作。 （2）站务人员现场确认站台安全。 （3）多趟列车需操作时安排支援人员到现场加强引导并协助确认站台安全。 （4）行值加强与现场联控，并通过监控协助确认站台安全。 3．物： （1）在故障站台门前设防护。 （2）行值通过综合监控、IBP及HMI工作站对现场操作现象及报警进行确认，如有异常及时上报并与现场联控
10	值班站长/值班员	人员进入无人区、正线轨行区作业时未设置SPKS防护，可能造成人车冲突	1．管理： （1）制定《线网施工检修管理规则》《施工检修管理办法》《全自动运行线路施工检修管理细则》，明确施工过程中各操作步骤及注意事项。 （2）制定《全自动运行线路全自动线路差异化学习手册》，对SPKS使用流程进行规范。 （3）发布《SPKS门禁卡管理细则》。 （4）定期开展站务人员业务培训，对轨行区管理进行强调。

续表

序号	责任岗位	风险描述	管控措施
10	值班站长/值班员	人员进入无人区、正线轨行区作业时未设置SPKS防护，可能造成人车冲突	2．人： （1）行车值班员需对施工系统、行车等设备评估合格后确认满足上岗条件方可上岗。 （2）定期对车站值班员、值班站长进行施工管理、行车设备操作培训。 （3）针对新上岗人员较多，需提前组织新上岗人员进行施工及行车设备操作培训，增加跟岗时长，确保员工能胜任岗位工作。 3．物： （1）行值加强对设备操作后的现象进行确认，异常情况及时上报。 （2）在IBP盘上黏贴SPKS对应区段标签，防止出现误操作
11	值班站长/值班员/站务员	全自动运行线路为无人驾驶全自动运营线路，站台门应急处置时将故障站台门LCB打至"开"位后列车自动动车，避让不及时对处置人员造成人身伤害	1．管理： （1）制定《关于全自动运行线路站台门应急处置细化方案的通知》，明确处置流程。 （2）组织学习《全自动运行线路站台门故障应急处置指南》，处置时严格执行规章要求明确是否将LCB打至"开"位。 （3）通过开展站台门培训及演练，提升员工在应急处置时的自我防范意识。 2．人： （1）操作站台门LCB到"开"位后处置人员需及时避让。 （2）站台设置一名协岗，正岗应急处置的同时协岗协助设置防护，待正岗处置完毕直接退出防护区域外，协岗值守

续表

序号	责任岗位	风险描述	管控措施
11	值班站长/值班员/站务员	全自动运行线路为无人驾驶全自动运营线路，站台门应急处置时将故障站台门LCB打至"开"位后列车自动动车，避让不及时对处置人员造成人身伤害	3．物： （1）行车值班员通过CCTV监控站台岗应急处置情况，做好随时按压紧停的准备。 （2）站台门应急处置情况下值站第一时间到达现场指导现场应急处置。 4．环境： 遇站台门故障处置时，及时与行调和列车车上值守人员做好互控
12	值班主任/调度员	运营结束后，场段施工作业批准前未设置相应的防护措施，如操作SPKS、GAMA等，造成列车错误唤醒后进入正线区域，进而产生人车冲突	1．管理： 要求运营列车全部回段停稳后，若场段内无动车作业施工或调/洗车计划时，在批准场段施工作业前，均需激活SPKS防护。 2．人： （1）DCC与OCC做好互控，在具备条件后，由DCC向OCC申请操作SPKS，OCC确认具备条件后同意操作。 （2）OCC负责场段施工作业计划的审批，DCC负责B类施工作业计划的审批。 （3）行调批准场段施工作业计划时需做好双人确认。 3．物： DCC操作SPKS防护后，OCC需通过信号工作站进行设备状态的确认；施工作业结束，DCC取消SPKS防护后，OCC需确认设备状态恢复正常

续表

序号	责任岗位	风险描述	管控措施
13	车上值守人员	检修作业未操作"检修"模式，运用库列车在FAM模式下，若突然远程唤醒，可能造成人员触电或人车冲突	1．管理： （1）在《全自动运行线路车上值守人员手册》中明确相应要求。 （2）做好规章制度宣贯及落实。 2．人： （1）严格按照《全自动运行线路车上值守人员手册》要求执行。 （2）列车整备作业时，必须确认盖板锁闭情况，无法锁闭及时报场段运用调度。 （3）正线巡检作业发现盖板锁闭异常时，及时报告行调并锁闭到位。 3．物： 定期对该装置进行检查，维护，驾驶台盖板锁功能良好
14	值班站长/值班员	运营期间人员下轨行区（无人区）作业时，因激活SPKS区段错误，可能导致人车冲突事件	1．管理： （1）制定《行车突发事件专项应急预案》《突发事件信息报送流程》明确应急处置措施。 （2）制定《IBP盘SPKS培训操作手册》，组织值班员及以上学习掌握操作要求。 2．人： （1）操作时"一人操作、一人监控、手指口呼、呼唤应答"值班站长做好安全卡控。 （2）SPKS激活后及时上报行调，征得行调同意后进入轨行区。 （3）线路人员根据钢轨轨腰继电器作为保护区段划分参照物，禁止越过激活区段。 （4）制定年度培训计划及演练计划，并按计划开展相关培训及演练

续表

序号	责任岗位	风险描述	管控措施
14	值班站长/值班员	运营期间人员下轨行区（无人区）作业时，因激活SPKS区段错误，可能导致人车冲突事件	3．物： （1）在IBP盘上各SPKS钥匙插孔旁张贴区段划分铭牌，直观呈现SPKS激活后的保活区段。 （2）SPKS编号字体颜色与保护区段线条颜色相同，操作时仔细核实颜色一致
15	值班站长/值班员	施工人员在施工作业过程中翻越设备区隔离围栏非法进入轨行区，或异常情况专业人员需要进入轨行区处置时车站未做好端门卡控，未确认SKPS防护已生效违规放人进入轨行区，可能导致人车冲突	1．管理： （1）制定《行车突发事件专项应急预案》《突发事件信息报送流程》明确行车值班员发现人员进入轨行区时，及时上报。 （2）制定《运营期间人员擅入轨行区》，明确发现人员擅入轨行区后的应急措施。 2．人： （1）站务人员加强站台端门卡控，防止人员擅入轨行区。 （2）站务人员和施工负责人做好施工人员出清提醒和核对，防止人员遗留轨行区。 （3）站务人员制定演练计划，并按计划开展相关培训及演练。 3．物： （1）利用综合监控系统PSD模块、施工管理系统、CCTV监控系统实时卡控端门人员进出安全。 环境： （2）车站加强轨行区封闭情况检查

（二）设备风险

全自动运行线路系统设备分布在轨旁、列车、控制中心、备用控制中心以及车站，主要提供列车自动防护，实现行车指挥和列车自动化运行，实现多系统间的设备联动,提高运输效率。相较于常规线路,专业安全风险点主要是由新增设备及其功能要求带来的安全风险,应结合设备故障影响预见所带来的安全风险并强化管控措施。设备管理风险数据统计和设备风险管控措施分别如图6-2和表6-5所示。

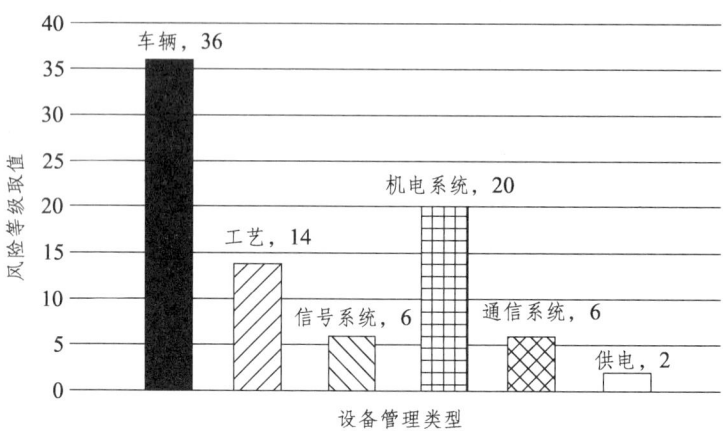

图6-2 设备管理风险数据统计

表6-5 设备风险管控措施

序号	责任岗位	风险点描述	管控措施
1	信号专业检修工	OCC信号设备ATS子系统故障,全线列车无法维持FAM模式正常运行,中央ATS工作站无法正常监测列车状态,远程指令无法下发,影响行车	1. 管理: (1)制定《全自动运行线路信号系统设备检修规程》,对网关服务器进行每日远程巡检、周检、月检及年检。 (2)制定现场处置方案,当发生故障或火灾时立即启动相应应急程序。 (3)制定值守点运营前检查及日常检查相关要求,明确现场检查及远程巡检作业标准。 2. 人: 加强相关人员业务技能培训和作业远程巡检标准。

续表

序号	责任岗位	风险点描述	管控措施
1	信号专业检修工	OCC信号设备ATS子系统故障，全线列车无法维持FAM模式正常运行，中央ATS工作站无法正常监测列车状态，远程指令无法下发，影响行车	3．物： 信号作业人员利用CMSS远程加强网关服务器巡检。 4．环境： 结合检修规程要求，OCC工班每日巡视设备状态，并每周定期开展设备房卫生打扫
2	通信专业检修工	无线通信系统，网络交换机、基站电台故障可能导致通信异常、中断	1．管理： （1）制定《全自动运行线路通信系统设备检修规程》，对通信无线系统进行定期检测检修。 （2）制定《无线系统作业指导书》，规范无线系统的检修作业标准。 （3）制定现场处置方案，明确无线系统故障应急处置程序。 2．人： （1）制定年度培训计划，加强相关人员业务技能培训。 （2）利用拉练、演练等多种形式，提高人员处置能力。 3．物： 利用专用无线系统网管，对专用无线系统运行状态进行监控。 4．环境： 按照检修规程要求，每日完成设备房温湿度巡视，并按每月定期开展设备房卫生打扫

续表

序号	责任岗位	风险点描述	管控措施
3	机电业务技术组/技术管理/值班站长/值班员/站务员/站台门检修工	全自动运行线路遇障碍物检测光幕故障，车站人员因设备差异化掌握不到位，在应急处置过程中可能出现错误操作情况，影响行车安全	1．管理： （1）制定《全自动运行线路站台门系统故障应急处理指南》，对遇障检测光幕应急处置进行明确规定。 （2）根据"先通后复"的处置原则，在确保安全的前提下优先保证列车运行。 （3）已制定遇障检测光幕差异化培训计划及演练计划，并按计划开展遇障检测光幕相关培训及演练。 2．人： （1）定期组织开展遇障检测光幕实操练习，强化检验员工站台门故障处置相关业务能力。 （2）发生故障时根据相关应急处置流程对遇障检测光幕进行处置。 （3）车站人员做好发生遇障碍物检测光幕故障的行车预想，异常时及时上报车控室。 3．物： （1）定期检查屏蔽门故障应急处置备品准备情况，发现不足立即进行补充。 （2）工班人员应备有检测光幕备件。 4．环境： 车站人员加强乘客上下车引导，避免发生可能引发遇障碍物检测光幕报警的情况
4	通信专业检修工	OCC视频监视系统，画面丢失可能导致应急情况下无法掌握现场情况，影响应急指挥	1．管理： （1）制定《全自动运行线通信系统设备检修规程》，对通信CCTV系统进行定期检测检修。 （2）制定《CCTV系统作业指导书》，规范CCTV系统的检修作业标准。

续表

序号	责任岗位	风险点描述	管控措施
4	通信专业检修工	OCC视频监视系统，画面丢失可能导致应急情况下无法掌握现场情况，影响应急指挥	2．人： （1）已制定年度培训计划，加强相关人员业务技能培训。 （2）利用拉练、演练等多种形式，提高人员处置能力。 3．物： 利用CCTV系统网管，对CCTV系统运行状态进行监控。 4．环境： 按照检修规程要求，利用日巡、月检、周期性检修完成设备状态巡视检查
5	信号专业检修工	ATP/ATO子系统，若每列车两端唤醒模块运营维护不到位，会导致列车早间无法自动或远程唤醒	1．管理： （1）制定《全自动运行线信号系统设备检修规程》，对车载设备进行每日远程巡检和半年及年检。 （2）制定《自动化车间现场处置方案》，当发生故障或火灾时立即启动相应应急程序。 （3）制定值守点运营前检查及日常检查相关要求，明确了现场检查及远程巡检作业标准。 2．人： 加强相关人员业务技能培训和作业远程巡检标准。 3．物： 信号作业人员利用CMSS远程巡查车载netbox设备状态

续表

序号	责任岗位	风险点描述	管控措施
6	信号技术管理/信号专业检修工	ATP/ATO子系统，全自动线路列车唤醒模块软件升级施工，现场可能	1．管理： 做好升级验证工作，按照升级验证方案做好验证测试并记录测试结果，若满足升级验证预期效果则投入运营持续观察。 2．人： 安排信号人员配合承包商升级唤醒模块，严格按照施工方案开展升级并卡控现场升级质量，升级完成后核对升级版本，确认与承包商交底的一致。 3．物： 若未达到升级验证预期验证效果则回退软件并做好回退验证工作，确保不影响列车远程/自动唤醒和远程重启CC功能
7	客运业务技术组/安全质量管理/值站/值班员/站务员	全自动驾驶线路在站台新增清客确认按钮设备，在清客过程中人员勿碰或勿操作可能造成列车延误或人员伤亡	1．管理： （1）制定《关于车站做好清客流程通知》及《关于回段列车清客要求通知》，对使用清客按钮进行明确规定。 （2）制定了全自动线路差异化学习手册对"清客按钮"进行详细。 （3）定期对折返站清客情况进行情况反馈，优化清客按钮使用标准。 2．人： （1）联锁站车站做好《关于车站做好清客流程通知》及《关于回段列车清客要求通知》及差异化手册文件学习。

续表

序号	责任岗位	风险点描述	管控措施
7	客运业务技术组/安全质量管理/值站/值班员/站务员	全自动驾驶线路在站台新增清客确认按钮设备，在清客过程中人员勿碰或勿操作可能造成列车延误或人员伤亡	（2）联锁站车站人员使用时与"紧停按钮"做好区分。 （3）按压清客按钮时，车站人员做好双人确认。 （4）按压清客按钮时，确认清客按钮绿色指示灯点亮。 3．物： 信号专业定期检查清客按钮是否能正常使用 4．环境： 联锁站的车站人员在清客前应做好站台乘客引导和列车乘客解释工作，避免在按压清客确认按钮后发生乘客抢上

（三）运行环境风险

要求轨行区封闭，具备安全稳定的运行环境是全自动运营防范风险的第一要素，对其所包含的运行环境要素进行综合分析，轨行区的全自动运行区域是运营管理中的重点之重，全自动区域封闭情况、人员进出轨行区操作SPKS流程、区间设备稳固性能以及土建结构受到的外部因素制约都是全自动运行线路的重大环境风险，在目前行业对列车主动防撞技术尚未普及的前提条件下，运营管理单位应对运行过程中的环境风险进行分析，制定切实有效的管理措施，从而降低全自动区域各类风险。运行环境风险数据统计和运行环境风险管控表分别如图6-3和表6-6所示。

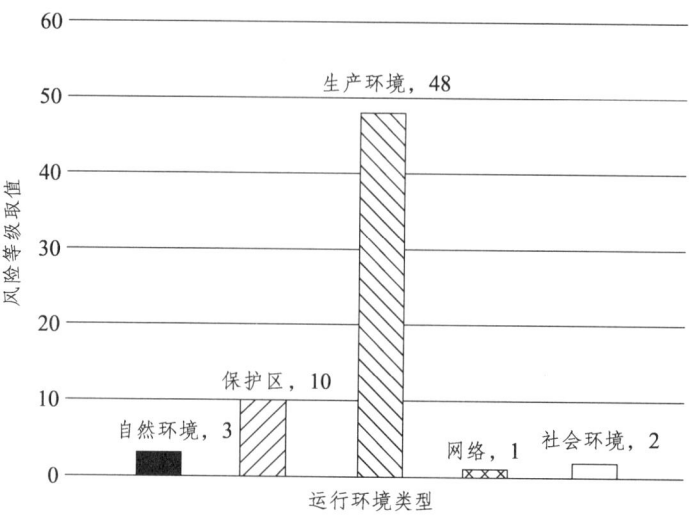

图6-3 运行环境风险数据统计

表6-6 运行环境风险管控表

序号	责任岗位	风险点描述	管控措施
1	业务技术专工/值班站长/值班员/检修工	全自动线路与施工接口界面，保护区内新建、改建、破除建（构）筑物造成隧道击穿等，因无主动防撞监测设备，可能造成人员伤亡、设备受损	1．管理： （1）根据现场处置方案针对施工可能对隧道、车站造成的影响进行安全预想及管控。 （2）针对可能导致车站地基、桥梁等结构沉降、变形的情况，专业加强巡视，发现问题，及时上报并制止，遇不确定影响因素时及时通知地保单位到现场确认，视情况限速或停运。 （3）建立与施工单位必要的协作机制。 2．人： （1）要求员工熟知隧道内、车站内部结构，保护区内新建、改建、扩建或拆除建（构）筑物的区域，加强日常巡视。

续表

序号	责任岗位	风险点描述	管控措施
1	业务技术专工/值班站长/值班员/检修工	全自动线路与施工接口界面，保护区内新建、改建、破除建（构）筑物造成隧道击穿等，因无主动防撞监测设备，可能造成人员伤亡、设备受损	（2）针对可能发生的结构沉降、变形产生的影响，车上值守人员、车站员工熟知各岗位处置流程及职责。 （3）与施工方加强各方面的联控，告示施工方有影响车站客运组织的施工需提前告知车站，车站做好安全预想及客运组织工作。 3. 物： 配置铁马、伸缩栏杆、警示带等防护用具对结构沉降、变形区域进行隔离。 4. 环境： 实时监控，加强车站施工日常巡视，发现问题及时上报
2	安全质量管理/车辆专业检修工/车辆段工艺设备检修工	全自动线路场段运用库区SPKS门禁失效，或地下通道大门门禁失效，人员擅入无人区域，造成人车冲突，可能导致人员伤亡	1. 管理： （1）制定运用库每日安全巡查制度，发现异常及时制止上报。 （2）作业前对检修、抢修、施工作业人员进行安全交底。 （3）制定电客车出入库值守管理规定，要求车上值守人员严格执行。 2. 人： （1）作业人员进出无人区或地下通道应关闭严实通道大门或无人区SPKS门，确保锁闭良好。 （2）不定期对全员开展安全教育培训，发现地下通道大门或轨行区SPKS门故障时应立即上报处理。 （3）车上值守人员严格执行出入库值守管理规定，认真瞭望，发现异常立即按压紧急停车并上报行调。

续表

序号	责任岗位	风险点描述	管控措施
2	安全质量管理/车辆专业检修工/车辆段工艺设备检修工	全自动线路场段运用库区SPKS门禁失效，或地下通道大门门禁失效，人员擅入无人区域，造成人车冲突，可能导致人员伤亡	3．物： 地下通道大门门禁或无人区SPKS门功能良好，有故障则立即组织专业处理。 4．环境： 地下通道或无人区照明良好，视线充足

三、员工安全风险意识培养

全自动运行系统技术虽然在一定程度上可以通过设备的高度自动化替代人为的操作，消除人为因素影响，但全自动运行线路的运维管理依旧离不开运维人员的操作支持。运营管理单位通过对运营潜藏的风险源进行有效识别后，通过完善的规章体系机构和组织架构对人员的操作要求予以规范，但考虑到全自动运行线路系统设备可靠度较高，运维人员的应急处置要求却进一步提升，因此全自动运行线路要更加注重员工的安全风险意识的培养，并以此为驱动力强化员工技能培养。

（一）运营风险意识培养重要性

1. 降低风险事故发生率

通过积极开展风险管理工作，可对运营潜藏的风险源进行有效识别、分析、管理和控制，进而达到减少风险事故发生的目的。

2. 保障安全稳定运行

通过加强风险管理，强化运营管理工作中存在风险的管控工作，切实保证地铁运行安全、可靠。

3. 提高运营管理水平

风险管理作为运营管理中的重要组成部分，不仅可以遏制事故发生，还能提高运营管理水平。

（二）运营风险意识培养要求与方法

1. 建立风险培训计划，提升员工风险意识

近年来，各行各业的风险事故层出不穷，但由于国内全自动运行线路开通运营经验普遍不足且设备相对稳定，普遍具有"故障不多、操作较少、积累较缓"的特性，相较于其他开通时间较长的普通线路，各级人员的风险辨识能力缺乏针对性和敏锐性。针对全自动运行线路员工风险意识较滞后和风险应对能力不强的实际情况，首先要广泛收集国内外全自动运行线路风险培训的资料，制定风险培训计划，积极探索建立适应轨道交通全自动运行环境的风险培训课程，使员工掌握系统的风险辨识能力，形成正确的风险意识。

2. 理论与实践有效结合，增强员工风险意识实效

理论培训中的讲解并无法保证员工能完全具备敏锐的风险辨识能力，故要增强风险教育的实效性，就必须在实践中接触风险、认识风险。为此，还要开展各级员工风险辨识活动。结合培训内容，通过考试或调查问卷的形式，对员工风险辨识能力进行分析，掌握其风险意识水平，并优化风险培训课程，从而使风险教育更有针对性。同时，也可以通过风险辨识工作，使员工切身体会到全自动运营安全形势的严峻性，从而寻找自身存在的不足，反作用于风险意识的增强。

3. 加强风险培训管理

除了开展必要的风险培训外，还可通过宣传栏、知识竞赛、在线教育、在线答题等方式开展风险理论和风险知识的宣传，以寓教于乐的形式加强员工风险意识的宣贯教育。

（1）定期邀请安全风险相关的专家开展讲座，帮助对员工所面临的风险有更深刻的认识，帮助他们形成良好的风险认知。

（2）加强对员工岗位作业的指导，令其更深刻地了解工作中存在的风险，使其适时掌握全自动运行线路运营大环境的变化，进而有针对性地自控与自我调节。

（3）由于工作任务的繁重和工作压力的增加，部分员工可能会产生心理压力甚至抵触情绪，需要持续做好对员工思想动态摸排。

（4）结合全自动运行线路的运营特点，可建立一套风险管控制度，明确奖惩，重在激励，以此提高员工风险辨识的责任感。

第二节　应急管理体系建设

应急管理体系是安全运营的最后一道防线，需通过不断提升信息报送的及时准确性、初期处置的有效实用性、抢险队伍的专业熟练性、单位之间的协作联动性、应急物资储备的机动合理性、设备保安全措施可靠性，才能确保将突发事件的影响控制在最小范围与最低程度。为达成上述目标，需从制度建设、应急人员能力提升、应急资源保障等多个角度出发，全面结合城市轨道交通运营实际，以切实保障地铁线网安全运营为目标，以提升全自动运行线路应急能力为主线，补强补齐应急短板，形成与现行政府管理要求相一致、与线网特点相匹配的全自动运行线路应急管理体系。

一、全自动运行线路应急差异

全自动运行线路由于应急处置工作流程、分工界面不同，设备联动功能更加完善，一线岗位多职能融合/复合，导致部分岗位的工作内容和职责与常规线路不同，在初期筹备时宜建立健全配套的培训教材和实操设备，积极实践探索全自动运行线路运营模式下的应急重难点和差异，让员工适应全自动运行线路运营模式下的工作标准。

同时，由于行业内全自动运行线路运营经验相对匮乏，缺少经验借鉴和学习对象，缺乏经验积累过程，新技术与新设备的应用尚未彻底消化吸收，设备的差异化、精细化管理仍在补强和完善过程中，且新线筹备员工往往对比既有线偏年轻化，其避险排险能力、设备维保检修能力、故障判断处理能力和应急处置经验相对薄弱。

二、全自动运行线路应急体系

（一）应急体系的衔接

1. 加强预案的纵横向衔接

全自动运行线路的管理单位应对照上级管理单位的应急预案，结合全自动运行线路运营实际，针对性地完善预案架构和内容，保持应急预案的一致性，确保上下级应急预案有效衔接，强化预案的可操作性。

2. 细化应急区域、优化应急值守点

全自动运行线路的管理单位应以"区域应急、跨线支援、资源共享"为原则，建立与同级维保单位的应急联动机制，确保突发事件发生后人员的快速支援和物资的及时调配。并以"早晚客流高峰时段15分钟响应到位、其他运营时段20分钟响应到位"为原则，结合正线工班驻点设置情况和专业重点部位，设置专业应急值守点，作为正线工班驻点的补充，确保各专业在突发事件发生后能够快速响应覆盖各站点。同时，根据实际优化调整区域应急值守点专业配置、应急值守时段及区域应急值守点职责。

3. 推进应急管理信息平台建设

全自动运行线路的管理单位应建设应急管理信息相关系统，实现应急看板、应急物资、抢险队伍、应急点、线网各站点应急资源、应急预案、应急通讯录、应急组织机构、应急演练、应急信息报送等集中与信息化管理。同时建立应急通信系统，形成线网应急指挥救援体系下的应急语音、视频调度的通信指挥快速信息渠道。

（二）应急预想的前置

1. 提前储备多点位、多事件的同步应急调度指挥能力

全自动运行线路的管理单位应提前梳理人员、物资、车辆、通信设备的负荷能力，制订在多点位不同性质突发事件同时发生的应急指挥方式，适时开展多点位多重突发事件同时发生时的双盲应急演练，持续优化应急指挥体系。

2. 从应急管理角度做好运营前置

全自动运行线路的管理单位应在设计阶段提前介入，从应急情况下的行车组织需求出发，梳理提出设计要求，优化渡线、存车线、辅助线的设计方式，有效做好运营前置工作。

（三）应急能力的提升

1. 规范规章制度

全自动运行线路的管理单位应针对全自动运营管理及应急处置需求，完善站台门、信号、综合监控等关键设备的功能说明、制订操作流程，明确注意事项，并组织关键岗位人员进行实操试用及验证，确保关键岗位人员对专业设备的操作规范、高效。

2. 强化应急演练

全自动运行线路的管理单位应利用天窗时间、通勤车等契机组织开展综合实战演练，确保一线员工应急处置能力、设备抢修能力和各专业岗位配合默契度稳步提升；抓好计划内演练的同时，充分考虑运营线路特性、季节特性、设备特性等情况，有序开展重点故障、重大突发事件的强化应急训练，

重点锤炼应急响应、行车调整、客运组织、故障处置、协同配合等关键能力，不断提高应急处置效率；常态化开展双盲演练、训练，同时提升一线车间、班组开展双盲的意识，规范双盲演练台账编制，充分发挥双盲演练效果；将演练、训练、拉练问题纳入专项、日常培训，加强培训学习验收、检查力度、考核力度，提升应急培训管理效率，以点带面，全面提升一线人员关键岗位应急能力。

3. 完善应急联动

在全自动运行线路的筹备期和开通运营初期，各单位应做好运营经验积累，全面梳理近年常发设备故障、突发事件等信息，做好轨道交通各类事故经验教训借鉴工作，以此为应急能力提升方向，模拟可能发生的事故类型，研究符合地铁应急救援所具备的实际能力和现实状况。持续开展多管理单位下的区域联动、线网联动和多专业联动演练，优化大线网运营模式下的人员支援机制，加强全自动运行线路与外部支援力量、社会公众联动互动，确保整体应急能力稳步提升。

（四）应急处置的优化

1. 充分利用设备特点

全自动运行线路的管理单位应充分利用设备远控、主备控制中心等设备差异化特点，以"先通后复"为原则，以"远程处置、快速恢复"为基本要求，制定具有全自动运行线路特点的现场处置方案，实现故障的快速响应，提升应急处置水平，确保全自动运行线路的安全运营。

2. 充分利用岗位复合特点

全自动运行线路的管理单位应充分了解多职能人员岗位复合的特点，依托岗位职责制定多职能人员的应急处置职责，加强各岗位人员的职责衔接，确保应急处置时各部门、各单位人员的有效衔接，整体提升全自动运行线路的应急响应和处置能力。

（五）应急资源的保障

全自动运行线路的管理单位应结合全自动运营实际，持续强化"车站—站区—基地"三级应急物资支援保障体系建设，根据运营线路特点及多发、频发的设备故障种类，形成适用需求、重点突出、精准响应的应急物资集散体系，并对配置的新型应急物资编制使用、操作教程，拍摄实训视频等，同时加大现场的拉练强化，强化一线人员对应急物资的使用，完善应急抢险准备，根据现场实际不断优化自然灾害应急物资储备方案和配送保障方案，特别是汛前梳理强化大型防汛应急救援装备、物资热备。

第三节 应急预案设置

应急预案设置是否完善及执行是否到位是评判应急管理水平的核心标准。全自动运行线路管理单位宜将行车、设备故障类专项应急预案与常规线路加以区分，建立一套完整的全自动应急预案体系。在结合各种场景，根据具体的不同突发事件类别、危险源和应急保障而制定专项应急预案的同时，现场处置方案应体现全自动运行线路因为岗位职责变化、管理界面变化、新增设备操作及维保变化三个方面的内容差异，明确各单位、各岗位应急原则和措施。

一、应急预案分类

根据国家、省、市及集团公司应急救援相关制度、预案要求，并结合公司各专业风险评估结果，运营管理单位应结合全自动运行线路场景文件、实际生产运作和设备功能研究建立了三级应急预案体系，同时将编制有一站一预案、一场（段）一预案、大客流应急处置程序、故障处理指南（操作程序）等作为辅助补充预案。

（一）综合应急预案

作为全自动运行线路以及公司架构下的整体预案，综合应急预案应以部门职责与集中指挥为主，侧重在应急救援活动的组织协调，从总体上阐述事故的应急方针、政策，明确本企业应急组织结构及相关应急职责，应急行动、措施和保障等基本要求和程序，通过综合应急预案可以清晰地了解企业应急管理体系的概况，是应对各类突发事件的综合性文件。

（二）专项应急预案

在全自动运行线路各种场景下，根据具体的不同突发事件类别、危险源和应急保障而制定的专项应急预案，要与综合预案相互衔接，明确各单位、各岗位应急原则和措施，以达到最大限度地调动和使用资源，快速、有序地发挥最佳应急处置效果，在全自动运行线路宜将行车、设备故障类专项应急预案与常规线路区别编制。

（三）现场处置方案

在专项应急预案的基础上，针对全自动线路运营模式下开放式驾驶室设置、复合岗位职能、脱轨障碍物检测、SPKS设备等特点，重点结合站台门或车门夹人、夹物，站台门故障、电客车清客、车厢内乘客事务处置差异等，可分岗位、分专业制定应急处置流程和预防措施，重点对一线员工具有实际应急处置指导意义。

（四）辅助补充预案

结合全自动运营生产实际，重点对进出车站、场段全自动区域管理要求以及明确车站/场段界面划分后的职责，补充制定车站、场段等辅助预案。

二、应急预案编制的要求

全自动运行线路的管理单位应按照"安全第一,预防为主"的原则,以科学性、可操作性、整体性、实用性、发展性和代表性为要求,从预防事故发生及处置突发事件等方面,编制应急预案,并确保其有效性。

(一)预防事故发生方面

预防事故发生的能力主要指应急预案的预防阶段所包含的内容,是应急管理工作的重要环节之一。

1. 管理制度完善

编制应急预案的依据应全面包括国家安全生产法律、法规,省市级和上级管理单位编制的管理办法和管理条例等制度规范。

2. 风险分析全面

全自动运行线路运营管理单位要全面分析可能引发事故的所有风险,要根据全自动运行线路的特点,将站台门夹人、轨行区异物、信号挤岔等可能影响全自动运行线路乘客安全和运营安全的情况列为重大危险源,并制定应对措施。

3. 事故预警有效

做好对风险源的实时监控,及时获取突发事件信息,并根据分析确定突发事件的危险等级,及时发布相关预警。

4. 培训演练实用

在针对全自动运行线路制定具有自身特点的应急预案后,应定期组织开展全员培训和相关的演练,并做好培训演练的评估分析,及时开展应急预案修订工作。

5. 后勤保障到位

后勤保障措施工作是应急抢险工作能够顺利完成的基础,主要包括通信保障、信息传递保障、应急物资保障、交通保障等多个方面，均应提前做好预想。

（二）处置突发事件方面

处置突发事件的能力是应急抢险中最重要的一项能力，主要体现在事故预警、信息报送、现场抢险、组织协调等应急响应过程的各个环节。

1. 机构职责明确

城市轨道交通应急救援工作涉及多个专业，分工极为复杂。全自动运行线路应急预案应结合岗位复合特点，在编制预案时明确各级人员职责，提前做好分工，以保证应急处置能够快速、高效、有序地进行。

2. 信息报送流程的清晰性

信息报送应能达到报送内容简洁、接收人清晰、抢险要求明确的要求，提高应急信息流转的效率。

3. 应急措施有效

应急预案要符合现场实际状况，具有可操作性。

4. 抢险组织合理

应急预案应合理明确现场应急指挥组织成立的前置条件，确保现场组织的有效性。

三、应急预案长效管理

应急预案的管理不能一成不变，必须随着运营时间和管理模式的变化而不断优化、调整和完善，这样才能长期保证制度正常运行并发挥预期功能。全自动运行线路应急预案体系在建立初期存在与常规线路区别不明显、流程不合理的情况，主要表现为预案数量多、重合度高，基本沿袭上级预案的编制要求，没有理清全自动运行线路与常规线路的工作职责关系、设备功能差异，编写过程中对于总体应急预案的把握不准确，导致差异性内容不突出、应急职责划分不够清晰、响应分级不合理、处置措施不够专业。

因此，全自动运行线路应急预案首先应该有一个准确的定位，而不是一味地沿用常规线路应急预案的思路和内容，应该跳出既有的预案结构框架，基于实际需要、处置需求，构建起适用于一线员工的具有实操性的预案。其次，建立健全全自动运行线路动态预案体系应在上级预案体系建设总体要求和思路的指导下，从"大运营体系"中寻找并探索"全自动运营体系"建设的思路和方法，同时应该在空载期、开通初期通过大量的演练进行对制度科学性进行验证，既要做到全覆盖，又要做到有特色、合实情、重实效，并在故障发生后认真总结经验优化制度流程，最终推动预案功能向微观操作的实用导向转变，以实现由量变到质变的飞跃。

第四节 本章小结

本章重点介绍了全自动运行线路风险管控和应急能力提升相关管理要求及建议。全自动运行线路运营模式与常规线路区别较大，运营管理单位须根据全新的模式、全新的设备、全新的工作界面强化全自运行线路安全与应急管理体系。在安全管理方面，运营管理单位在筹备全自动运行线路过程中应完善风险管控体系，做好安全生产风险的管控，建立健全突发事件风险评估标准，完善重大风险隐患数据库，并以此来逐项制定安全管控措施，才可以有效控制安全风险。

在应急管理方面，运营管理单位要优化应急预案体系，结合全自动运行新技术、新模式、新问题优化现场处置方案，进一步强化预案的可操作性。同时要结合运营实际，以演练形式磨合应急体系运转机制，强化关键岗位应急基础能力，通过不定期开展专项培训、演练，逐步完善应急培训、物资支援、预警平台等体系建设，才能真正为全自动运行线路的安全生产保驾护航。

第七章 全自动运行线路行车管理

GoA3、GoA4全自动运行线路与GoA2线路的行车组织存在较大的差异，传统由人工完成的工作，特别是司机完成的作业由设备取代，设备智能化和故障自愈功能取得显著提升，全自动运行线路行车组织的中心调度重要性日益突出。因此，全自动运行线路的行车管理面临诸多新课题，行车组织的组织机构、运营人员职责及运营应对策略都需得到完善和加强，本章重点介绍全自动运用线路正线、场段行车组织差异、各部门基本管理职责以及各类情况下的行车组织要求。

第一节 总体要求

一、行车基准要求

（一）一般要求

全自动运行线路的行车组织方案应涵盖正常、故障和应急情况下的各类运营场景。全自动运行线路应优先采用FAM运行，运营时间内不宜频繁切换运行模式，若确实需要混合运行或切换运行模式的，应有相对应的规则与程序进行规范，且全自动运行线路应明确故障远程处置与现场处置的优先级。

（二）调度指挥

全自动运行线路应采用运营控制中心集中调度指挥模式，正常情况下，应以系统自动运行为主；故障或应急情况下，可转为传统非全自动运行线路的调度指挥模式。当运营控制中心遭受到火灾、地震等无法对运营线路进行集中调度指挥的灾害影响时，可以将控制中心人员转移至灾备控制中心（备用控制中心），启用灾备控制中心（备用控制中心）对运营线路进行集中调度指挥。

全自动运行线路调度岗位应具备车辆远程监控及乘客服务的职能。当列车发生乘客报警、烟雾火灾报警、迫停区间等突发事件时与乘客通话并进行远程广播，发生故障时调度员应根据故障现象进行判断，对于远程无法判断或处理的故障，应尽快安排相关人员现场处理。

（三）列车运行

列车应能按要求在规定位置实现自动唤醒，并按照列车运行图自动上线运行。

1. 驾驶监控

DTO模式下，列车员应在指定时间和指定位置登乘列车，登车前应做好安全防护工作。列车在正线运行时，DTO模式下列车员应巡查行车及服务关键设备系统工作状态；UTO模式下，宜安排现场运营人员上车巡查，轧道车宜采用非全自动驾驶模式运行。

2. 故障处置

DTO模式下，列车因故迫停车站或区间时，列车员按要求现场处置，UTO模式下，列车因故迫停车站或区间且无法远程处置时，现场运营人员应根据相关预案及时登车处置并做好登车前安全防护工作，确实需要立即远程组织乘客区间疏散的，应按预案立即处置。

（四）车站行车组织

全自动运营模式的车站行车规章制度应包括行车设备使用与管理、与行车有关的客运工作组织、故障及灾情处置程序及作业时间要求等内容，运营管理单位应加强对全自动运行的新增风险点和车站行车相关设备的监控，加强对乘客乘降过程的监视，发现故障或异常应及时处理，全自动驾驶控制模式由中心控改为站控时，车站行车值班员应加强列车运行情况监控，并根据调度员命令及时开展相关行车组织工作。

二、控制中心行车管理职责

（一）行车调度职责

（1）负责检查各站执行列车运行图和行车相关施工计划情况，及时发布行车命令和口头指示。

（2）负责监控列车按照运行图指挥行车，发生非正常情况或应急情况时，按照预案及时、准确处置，保障运营安全。

（3）监控列车在车站到达时间、发车时间及区间内的运行情况，及时、准确处理临时发生的问题，防止列车运行事故发生。

（4）负责统一协调和管理，完成调度指挥任务，协调解决运行中出现的问题。在非正常情况和应急情况下，决策并组织执行行车应急处置方案。

（5）负责中央级信号系统设备操作，如远程联动开关门、远程紧急扣车、取消FAM授权、列车休眠唤醒。

（二）环控、电力监控职责

（1）负责供电、环控、防灾系统设备的监视与遥控操作。

（2）负责供电、环控、防灾系统设备故障情况下的应急处置及系统运行方

式 的调整。

（3）负责供电、环控、防灾系统设备维护的施工作业管理。

（4）负责日常、应急情况下的信息处理、数据报表统计等工作。

（三）车辆监控职责

（1）负责对列车远程控制的操作，如远程旁路、远程复位、升降受流器、开关客室照明。

（2）负责在 FAM 列车运行过程中监控列车状态，监控列车休眠唤醒状态，列车发生故障时在正线车辆故障时，指导列车员进行故障排除工作。

（四）乘客信息监控职责

（1）通过 CCTV 设备监视列车运营秩序。

（2）负责对供电系统运行进行组织、指挥和协调，对调度范围内有权接受调度命令的人员发布调度命令。

（3）负责列车上乘客咨询等相关问题。

（4）在发生紧急情况时，可根据相关要求对乘客进行广播。

三、车站行车管理职责

（一）车站控制室职责

（1）当车站的设施、设备发生故障或出现突发情况时，应采取有效措施保证车站的正常使用，并将故障情况通知有关部门/中心。

（2）运营开启前，对相关设备进行测试。

（3）安排站务人员配合正常、降级和紧急的情况下行车组织。

（4）负责监控和操作车站范围内行车相关设备。

（5）信号系统降级时负责现场人工排列进路。

（二）站台监护职责

（1）在正线故障情况下负责配合行调进行行车组织工作。

（2）负责按站台接发列车规范接发列车，监视列车状态、乘客候车及上下车状态，提醒乘客注意安全，进行乘客疏导，及时处理站台区域发生的突发事件，及时、主动向有需要的乘客提供服务。

（3）负责操作站台清客、PSL盘等行车设备。

四、车上值守人员职责

（1）DTO模式下负责列车运行监控，遇影响行车或设备、人身安全情况要积极采取措施，及时消除隐患。

（2）应根据全自动运行的值守方式掌握乘客问询与帮助、服务礼仪等方面的知识与技能。

（3）按照各级突发事件应急处置预案和相关规定，处置运营中遇到的各种突发事件。

（4）降级运行时根据列车运行图驾驶列车，严格执行调度命令，按信号显示要求行车，严禁臆测行车。

第二节 正线行车组织

全自动线路列车正线运行时，由行调统一组织全线列车以FAM模式按运行图准点运行，同时由车辆调度监控全线列车车辆状态，确保列车运行正常，当列车出现故障后宜由行调及车辆调第一时间远程处置，远程处置无效后由运检工就地处置，并根据列车实际故障情况组织列车退出服务。

一、正常行车组织

（1）每日运营前由行调组织全线各站及场段开始运营前检查，同时行调完成调度自检工作，确保全线具备运营条件。

（2）运检完毕后，行调根据出收车计划监控场段列车唤醒，列车联合自检完毕后会根据出收车计划自动匹配运行计划，待到出库时间，行调授权列车以FAM模式运行至正线投入运营。

（3）列车上线完毕后，行调通过ATS大屏及工作站监控全线列车运行情况，正常情况下所有列车均根据自身运行计划自动完成到站开关门作业、站后折返终点站自动扣车供站务人员完成清客、列车自动折返及头码更换等。

（4）列车当日运营计划结束后，再次根据出收车计划运行至转换轨接收回库股道头码，运行至停车股道后自行完成休眠。若列车回库时有洗车计划，列车会自行以FAM模式完成洗车作业后回库休眠。

二、非正常行车组织

当运营期间出现信号故障、车辆故障或其他突发事件影响运营服务时，行调把控全线列车运行秩序，同时根据故障情况开展应急处置，车辆调做好列车状态监控，及时协助行调进行远程处置。若故障影响正线列车正常运行秩序，行调及时组织备用车上线填补行车间隔或增加运力，同时根据列车上下线标准及时组织故障车退出运营服务，以下列举全自动相关的非正常行车组织实际操作要求。

（一）紧急扣车操作

描述：影响或可能影响行车、危及人身安全情况时，运营人员应立即采取紧急停车措施。

（1）车站按压站台紧停按钮。

（2）车上值守人员根据自己所在位置进行判断，若列车在站线操作就近解锁手柄或按压蘑菇形按钮，在区间联系行调远程紧急停车或按压蘑菇形按钮。

（3）行调远程取消列车FAM授权。

（4）按照"谁发现、谁紧停"的原则处置，因列车未在站线区域精确停车解锁手柄会触发疏散区域，对行车组织影响较大，运检工若接报夹人夹物则听从行调/站台指挥，若自行发现并判断达到启动紧急停车标准后立即采取紧急停车措施。

（二）乘客触发列车紧急对讲

描述：列车在运行过程中或站台作业时，乘客按压车厢内紧急对讲按钮，区间运行列车运行至下一站自动扣车或本站自动扣车。

（1）乘客按下紧急对讲按钮，中央乘客调无线调度台有相应报警信息并弹出通话请求列表，推送对应客室监控至OCC大屏（乘客调处可查看车厢编号）。

（2）中心乘客调根据联动视频按需选择接听，建立连接后和乘客直接进行沟通对话，询问乘客意愿，进行安抚。

（3）中心乘客调根据乘客反映的情况，并通过OCC大屏监控视频观察后确认是否需要现场处置，同时行调通知车上值守人员或保安前往事件地点进行查看。如无需现场处理，行调视情况取消扣车；如需现场处理，行调通知随车保安或车上值守人员前往现场处理，处理后行调取消扣车，恢复正常运行。

（4）紧急对讲结束后，中心乘客调在无线调度台断开乘客紧急对讲通话，行调取消扣车后列车自动发车。

（三）车门紧急解锁装置触发

描述：列车在正线载客运营过程中，乘客或工作人员操作车门紧急解锁装置，导致列车车门紧急解锁装置激活，列车在站台区域立即施加紧急制动，若在区间则维持进站。

（1）车门紧急解锁装置激活信息上报中心ATS，并在中心车辆专家工作站进行报警提示，联动车载CCTV至中心大屏幕，车门旁的乘客紧急对讲与中心乘客调联动触发。

（2）行调根据乘客调反映情况，并通过CCTV观察后进行处置。通知车上值守人员赶往对应位置确认情况，如解锁手柄被误操作则在站线复位解锁手柄。

（3）紧急对讲结束后，中心乘客调在无线调度台挂断乘客紧急对讲通话，行调取消扣车后列车自动发车。

（4）列车静止状态下（零速）激活车门紧急解锁装置，乘客手动可解锁车门进入轨行区，按照区间进人应急预案进行处理。

（四）轨行区障碍物检测

描述：列车在全自动运行过程中，检测轨行区线路上的障碍物，发生碰撞列车紧急停车，区间紧急疏散区域激活，列车前端摄像头画面将自动推送OCC大屏，车辆专家工作站上将有相应报警信息。

（1）车上值守人员报行调后下线路确认是否有异物是否影响行车，若现场无异物，车上值守人员上车后将脱轨及障碍物检测旁路后限速25km/h速度运行，通过故障区段，后续列车限速手动驾驶通过故障区间进行确认。

（2）当列车碰撞障碍物导致列车故障停在区间不能移动时，OCC行调设置GAMA或组织车站操作SPKS后组织人员前往现场进行有序疏散和进行列车救援，电调确认隧道区间阻塞模式执行情况。

（五）隧道击穿

描述：外部施工等造成隧道击穿，可能导致列车延误、区间进水、人员伤亡、设备损坏。

（1）当随车值守人员发现隧道击穿，应及时按压紧急停车按钮，若列车在故障点前停车，行调根据现场情况组织列车降级限速通过退回发车站；若已越过故障点，则恢复FAM模式维持运行，车辆调与车上值守人员持续观察列车状态。

（2）行调视情况组织后续列车降级限速确认，专业人员跟车确认，地保专业人员前往事发地点地面区域进行核查。

（3）行调视情况组织列车限速、退行或中断运行。

（4）若列车无法通行，操作对应区间SPKS，按照轨行区抢修流程组织专业人员进入轨行区抢修。

三、行车基本设备功能

采用全自动运营模式时，系统设备控制的功能代替了原来的人工操作场景，对于列车可全自动驾驶的线路区域，称之为全自动驾驶区域，正线区域各车站、区间、折返线、联络线、渡线、临时停车线、出入线、安全线等区域均应按全自动驾驶区域设计及管理。

（1）列车准备过程：全自动运行系统设计需要考虑列车在正线存车的唤醒功能，包括列车的上电、自检、试车、自动鸣笛等功能，保证列车各项功能正常。

（2）列车正线运行过程：全自动运行系统应考虑列车按照计划进行转换轨发车、各站乘降服务、全自动折返、列车远程监控等正线运营场景的功能。

（3）列车回库过程：全自动驾驶系统要根据运营需求考虑对列车退出正线服务、进入转换轨并运行至库内/存车线/站线自动停车、休眠等功能。

（4）安全防护：对进入正线全自动区域作业的工作人员，应设有安全防护设备，操作后须保证列车在此区域无法动车，区域外列车无法驶入，保护区域的划分应体现安全与效率兼顾的原则。

（5）非正常情况下的列车运行与操作：

① 车辆火灾：全自动驾驶系统的功能设计需要考虑车辆在多种工况下火灾的情况，在运营期间及非运营期间车辆在站台、区间及段场出现火灾的处置、列车的运行、系统间的联动功能，以满足此应急情况下如何快速响应、处置的需求；

② 车门或站台门故障：全自动驾驶系统要考虑对于车门或者站台门故障的情况，系统可根据故障情况做出对应处理措施，保证乘客安全及运营服务质量；

③ 除上述几种情况外，还要考虑列车在准备过程出现故障、车辆故障、雨雪天气应对措施、正线出现异常等情况，以上各场景的设计均需在后续设计联络过程中对系统的详细设计进行分析确定，以满足本线的运营需求。

第三节　场段行车组织

全自动线路列车正线运行时，全自动线路场段分为无人区和有人区，无人区和有人区之间以道闸门物理隔断，运营管理单位应在筹备前明确场段行车指挥权、设备操作权管理单位，本节主要介绍场段管理方法并列举场段行车组织流程。

一、场段行车管理

（一）场段分区原则

轨道交通全自动运行线路车辆基地设置原则与常规线路基本一致，根据线路布局、运营等需求，设置一个车辆段或多个车辆段、停车场，车辆段/停车场内的设计布局根据运营和车辆维保需要进行设计和建设，并将车辆段/停车场内的部分或者全部轨行区设置为CBTC覆盖的具备全自动运行功能的区域。

按照列车可运行的最高运行等级分类，可将场段内行车等级分为全自动运行区域和非全自动运行区域两种。其中，全自动运行区域按照运营需求优先的原则，宜包含出入段线、转换轨以及场段咽喉区轨行区、停车列检库/运用库、洗车线等区域；非全自动运行区域按照车辆维保需求优先原则，宜包含双周/三月检线、静调线、临修线以及架车线、镟轮线、试车线、材料装卸线等区域。工程车库一般情况下不纳入全自动运行功能区域管理，可划入非全自动运行区域。场段管理图例如图7-1所示。

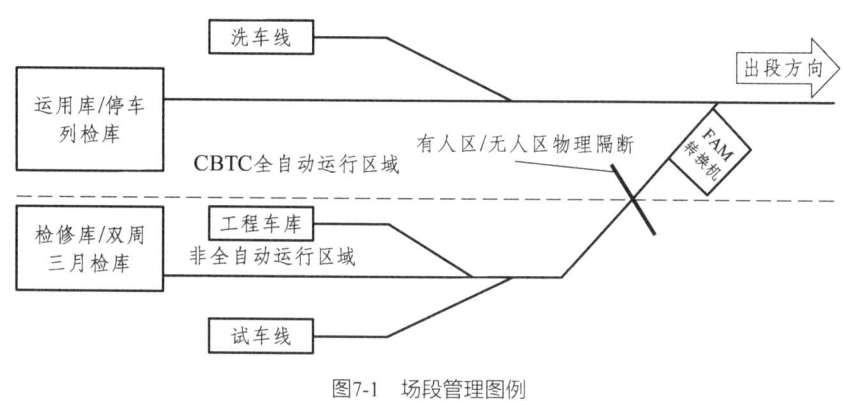

图7-1　场段管理图例

（二）场段行车管理界面

场段行车管理相对正线而言更为复杂，场段内作业多、股道多、施工组织复杂且交叉作业较多，行车组织难度和安全风险相对较大。因此，场段行车管理总体上应遵循一体化管理原则，全自动区域和非全自动区域的行车指挥层级和行车指挥命令须保持高度的统一且来源的唯一性原则，杜绝不同分区间的行车指挥或行车管理界面出现交叉重叠；各类行车设备的操作应严格遵循持证作业、统一指挥、一人操作、一个监护的原则进行，并严格执行分级授权操作管理制度，避免因行车设备操作权限混淆而造成行车意外事件的发生。

二、场段正常行车组织

全自动场段行车组织按照作业性质可分为列车出段/场、列车回段/场、调车转轨、洗车、试车线动车调试、库内A/B列位往返动车、列车点动等类型。

（一）列车出段/场

根据列车运行模式的不同，列车出段/场可分为全自动列车出段、非全自动列车出段两种类别。

全自动列车出段是指列车在控制中心或信号楼的远程控制下或按照既定列车运行图，由车辆段指定停车列位发车出段的过程。该过程的行车组织由控制中心或信号楼完成，行车设备以自动运行的方式控制列车、信号、道岔按照规定线路运行出段。

非全自动列车出段是指列车在控制中心或信号楼的指挥下，由人工的方式在车辆段指定停车列位发车出段的过程。该过程行车组织由控制中心或信号楼完成，进路排列由人工或系统自动操作，列车运行为人工驾驶。

（二）列车回段/场

根据列车运行模式的不同，列车回段/场可分为全自动列车回段、非全自动列车回段两种类别。

全自动列车回段是指列车在控制中心或信号楼的远程控制下或按照既定列车运行图，经正线、入段线、转换轨运行至车辆段指定停车列位并收车的过程。该过程的行车组织由控制中心或信号楼完成，行车设备以自动运行的方式控制列车、信号、道岔按照规定线路运行回段，并对列车实施自动休眠。

非全自动列车回段是指列车在控制中心或信号楼的指挥下，由人工的方式经正线、入段线、转换轨运行至车辆段指定停车列位并收车的过程。该过程行车组织由控制中心或信号楼完成，进路排列由人工或系统自动操作，列车运行及收车作业均为人工操作。

（三）调车转轨

根据调车转轨方式和调车机车种类不同，调车转轨可分为电客车自身动力调车转轨和工程车调车转轨两种。

电客车自身动力调车转轨按行走区域不同可分为全自动区域调车转轨、非全自动区域调车转轨和跨区域调车转轨等类别。

全自动区域调车转轨是指列车在全自动运行区域内，以自动运行的方式进行的电客车调车转轨作业，其行车组织由控制中心或信号楼完成，调车转轨作业过程均由全自动运行系统控制完成。

非全自动区域调车转轨是指列车在非全自动运行区域内，以人工运行的方式进行的电客车调车转轨作业。其行车组织由控制中心或信号楼完成，调车转轨作业过程中，进路排列由人工或系统自动操作，列车运行及收车作业均为人工操作。

跨区域调车转轨是指列车跨全自动运行区域和非全自动运行区域的调车转轨作业。其行车组织由控制中心或信号楼完成，调车转轨作业过程中，列车在非全自动运行区域内运行时，进路排列由系统自动或人工排列完成，列车以人工操作方式运行；列车在全自动运行区域内运行时，由全自动运行系统控制完成。需要注意的是，列车在非全自动区域和全自动区域转换列车运行模式时，须在专门的运行模式转换轨停车，并完成人工/自动模式的转换，由人工转自动模式时，须确保列车状态、列车定位等满足模式转换条件。

（四）洗　车

洗车作业一般宜为全自动运行模式，洗车的组织工作由控制中心或信号楼完成，进路的排列、列车运行、洗车机控制等均由全自动运行系统自动控制完成。由全自动运行区域或非全自动运行区域发出的列车进行洗车作业时，基本可参照调车转轨方式完成。

（五）试车线动车调试

试车线动车调试作业行车组织宜纳入控制中心或信号楼统一管理，场段轨行区的联络线道岔及信号由控制中心或信号楼进行操作。具备CBTC-CM及以上功能的试车线，需要使用相关功能进行列车动车调试作业时，相关信号设备的操作应由信号专业人员或经授权的、培训合格的车场类专业人员进行操作，并严格执行统一指挥、1人操作、1人监控的基本原则。

（六）库内A/B列位往返动车

库内A/B列位往返动车是指在列车功能验证、救援连挂培训等特殊作业中提出的需求。一般由需求单位提出作业需求，控制中心或信号楼组织列车在出库信号机和库尾信号机之间的封锁区域内进行列车往返运行（根据作业人的需求，可组织列车以各种不同模式运行）。原则上，库内往返运行时，列车最高运行速度不应超过10 km/h，且列车运行路径不得越过出库和库尾信号机，预留充足的安全余量，避免发生列车冲突。

（七）库内点动

库内点动是一种需要对列车进行功能验证的特殊作业，列车点动以不越过列位信号机为准，点动速度一般在3 km/h以下，通常以人工驾驶模式进行点动，点动作业须经控制中心或信号楼同意。

三、场段非正常行车组织

（1）场段发生行车设备故障时，按照故障运行模式组织行车。按照故障设备类型不同，主要分为列车设备故障、信号轨旁设备故障（含道岔转辙机等）、ATS设备故障等。

（2）在场段行车组织过程中，发生列车设备故障时，原则上遵循中央远程处置优先、本地服务处置支持的原则。轨道交通运营企业应制定明确的列车设备故障出段放行标准，遇影响正线和场段行车组织、客服质量或行车安全的故障时，应及时取消列车运行计划，组织专业人员修复故障或采取临时措施保障列车运行安全后方可组织列车运行。

（3）在场段行车组织过程中，发生信号轨旁设备故障时，遵循中央远程处置优先、本地服务处置支持的原则。轨道交通运营企业应制定明确的信号设备故障放行标准，遇影响正线和场段行车组织、客服质量或行车安全的故障时，应及时取消列车运行计划，组织专业人员修复故障或采取临时措施保障列车运行安全后方可组织列车运行。

（4）在场段行车组织过程中，发生ATS设备故障时，原则上遵循分级授权、就地处置的原则。轨道交通运营企业应制定明确的信号设备故障和ATS故障应急处置措施，遇影响正线和场段行车组织或行车安全的故障时，应立即组织专业人员抢修，采取临时措施保障列车运行安全后方可组织列车运行。

四、场段行车应急处置原则

场段行车组织情况复杂，行车风险较多，运营管理单位宜针对不同的场段实际情况制定相关行车应急处置措施，包括场段火灾、列车倾覆或挤岔、场段内涝、自然灾害、接触网或轨行区异物等场景，可按以下原则组织应急处置：

（1）以人为本、安全第一的原则；

（2）先防护、再处置的原则；

（3）先通后复原则；

（4）统一指挥、专业处置、多专业协同原则。

第四节　本章小结

本章主要对全自动运行线路与常规线路行车组织的差异进行了总结，对全自动线路行车岗位职责及正线、场段行车组织进行了系统梳理。全自动线路在行车方面相较常规线路优势明显，首先，全自动运行线路系统基于运营场景进行设计，在不同场景下具备检测、反馈、联动功能，同时具备远程监控、复位功能，在行车方面基本能代替常规线路司机操作，行车效率显著提升；其次，全自动线路设备均进行冗余设计，设备可靠性较常规线路更高，故障率更低。但在实际运营过程中，全自动线路也面临一些痛点问题，例如主动防撞技术还不够完善，现阶段存在误报率高等问题，影响行车效率，存在行车安全风险。结合以上情况，运营单位在系统设计前应全面梳理全自动线路运营场景，包括正常场景、故障场景、应急场景，基于场景对系统进行完善，不断提升系统运行安全性、可靠性。同时，针对系统暂不能实现的功能，须通过规则制度进行完善，由工作人员进行操作和确认，确保行车安全。

第八章 全自动运行线路设备维保管理

全自动运行线路系统设备的可靠性、可用性及可维护性直接影响列车的安全运行,因此,如何开展设备维保管理对全自动运营的安全保障尤为关键。运营管理单位应结合设备运行规律,把握关键设备差异性维护要点,构建适用于线路系统架构的维保组织,开展全自动运行线路设备维保管理工作。本章从设备维护、维保组织、车辆基地管理三方面出发,对全自动系统差异化维护要求、维保组织构建及车辆基地维保业务提出相关管理建议。

第一节 设备维护管理

城市轨道交通线路设备的维护管理,应以标准化的设备维护和操作规程、作业指导书等修程修制材料为依据开展,包含土建、供变电、接触网、机电、通号、综合监控、车辆等多个专业,相互之间有不可分割的联系。技术规程与作业标准体系如图8-1所示。

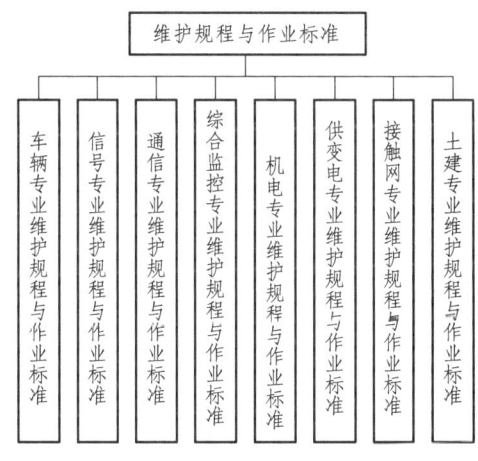

图8-1 设备维护技术规程与作业标准体系

基于常规线路的维保经验，各系统设备维护都已经形成相对标准的检修规程，设备检维修标准以及保养周期都已逐步固化，而全自动运行线路系统功能的提升带来的新增设备及差异化管控、养护要求才是设备维保管理研究的重点，并以此再补充、完善全自动运行线路设备维护技术规程与作业标准体系。

一、差异化设备维护要点

差异化设备维护，应充分考虑DTO及UTO运营模式下的系统故障影响，并结合设备硬件、软件、功能差异，对设备进行分类、分级，根据全自动运行线路中设备系统的关键程度、功能设置、冗余要求等情况进行设备分级维护管理。结合全自动运行线路的普遍差异，设备差异化维护研究重点还是针对新增设备、新增安全管理要求以及在线监测使用管理要求等开展，主要分为影响安全类设备、新增功能类设备及在线监测设备差异化维护要点。

（一）影响安全类设备简述及维护要点

1. SPKS维护

全自动运行线路应设置SPKS（人员防护开关），激活后能够防止CBTC列车进入人员防护区域，场段、各车站的SPKS与全自动区域相关的关键门禁关联后，形成对全自动运行区域作业人员安全防护的保障体系。SPKS检修维护应对SPKS开关的外观、继电器安装牢固情况和功能一致性进行检查，保证人员在全自动区域的作业安全。SKPS操作面板如图8-2所示。

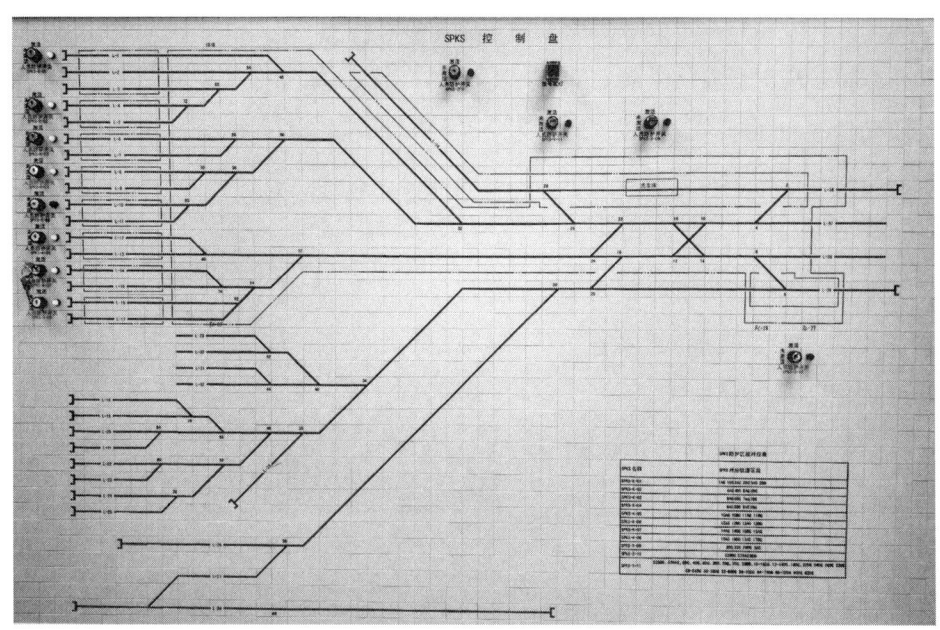

图8-2　SKPS操作面板实例

2. 红外光幕维护

全自动运行线路应设置红外光幕障碍物探测设备，用于检测车门—站台门间隙是否存在异物。考虑到全自动运行线路UTO模式无人监控车门—站台门间隙夹人夹物情况，宜将红外光幕障碍物探测信号硬接线实时接入站台门安全回路，因此，红外光栅设备对全自动线路行车安全有非常重要的作用。红外光栅设备检修维护应对设备的安装紧固进行检查测试，并结合周期性研究对红外光栅功能进行全覆盖测试。

3. 站台新增设备维护

全自动运行线路信号系统在交路折返站台新增清客确认按钮、交路折返站设置，以确保在UTO模式列车无人值守工况下站台有可靠的列车清客确认手段，站务人员确认清客完成后，通过按压此按钮授权全自动运行模式的列车自动关门并离开站台。清客确认按钮检修维护应对设备的外观、安装牢固情况和功能进行检查，确保按钮机械动作顺畅无卡阻、底座触点正常闭合，设备功能正常，避免清客按钮失效导致列车在折返站或者回库站异常停留。清客面板如图8-3所示。

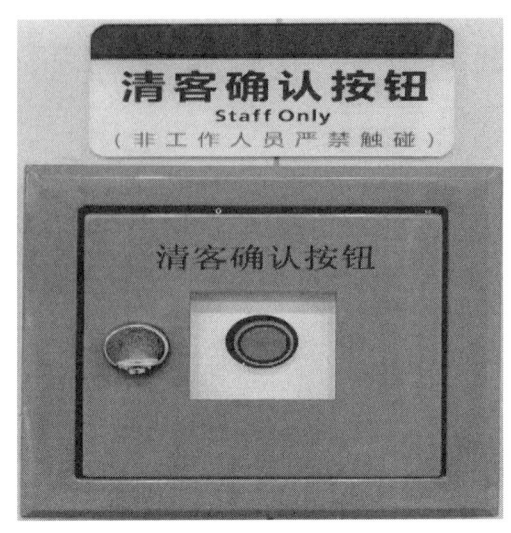

图8-3 清客面板实例

站台门系统在站台中部新增PSL盘，具备常规线路PSL的所有功能，一般还设置有红外光幕障碍物探测报警、光幕旁路指示灯，光幕单车、整侧旁路旋钮，以确保红外光栅间隙探测装置故障高效处置。同时，站台中部PSL一般会集成信号开、关门联动按钮，提升处置效率，保障行车安全。因此，中部PSL盘相应按钮及功能应在每日运营前进行设备操作功能检查，日常检修维护中应对指示灯状态、接线、安装紧固情况、是否存在渗漏水隐患进行检查，同时对设备功能进行完整测试。就地控制盘如图8-4所示。

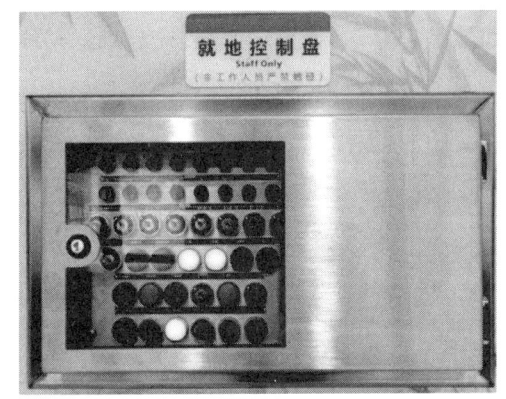

图8-4 就地控制盘实例

4. 轨行区设备牢固性检查

全自动运行线路轨行区设备，尤其是区间吊挂件（见图8-5）松动掉落后，有极大侵限可能，对行车有较大安全隐患。当采用UTO模式时，列车运行前方无人瞭望，若未提前发现侵限情况，可能造成电客车部件受损甚至产生脱轨及人员伤亡事件。因此，全自动运行线路应全面加强轨行区设备牢固性检查，主要对区间、场段区域的轨旁光缆、漏缆及箱盒、吊挂件等设备外观状态及牢固性进行检查及防护处理，设备主要包括摄像机、电气箱、区间AP、扬声器、轨旁电话、排烟风机等，最大限度降低轨行区设备侵限风险。

运营管理单位维保部门可结合每月区间巡检作业确认区间设备箱体及支架安装稳固，箱柜全部锁闭无松动，螺丝紧固性良好，承力线缆不松弛，各固定件无锈蚀，排烟风机吊装稳固，不影响行车安全，同时检查光缆、漏缆及标牌标识完整且无损伤、松脱、腐蚀，接地线缆连接状态正常。

图8-5 轨行区吊挂件实例

5. 障碍物及脱轨检测装置维护

全自动运行线路列车一般会加装障碍物及脱轨检测装置（见图8-6），当列车检测到轨道有障碍物或车辆遇到脱轨危险时，会及时采取措施，自动触发紧急制动。障碍物及脱轨检测装置检修维护应确保检测横梁、传感器接线及主机状态正常，同时，宜按年度利用专用触发工装进行障碍物及脱轨检测装置触发列车紧急制动试验，确保系统状态良好。

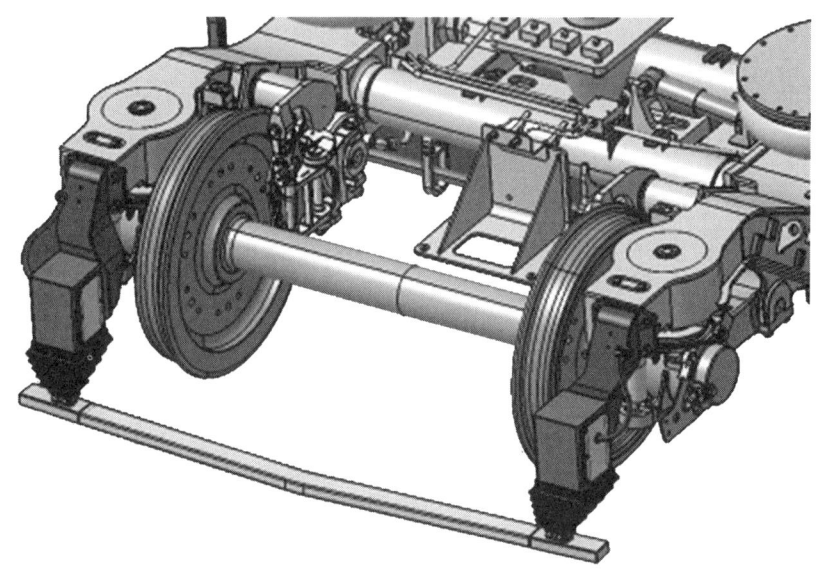

图8-6　障碍物及脱轨检测装置

（二）新增功能类设备简述及维护要点

1. BOCC设备维护及切换测试

全自动运行线路一般设置有BOCC（见图8-7），为确保BOCC核心系统功能完整性及冗余性，BOCC设备维护周期及维护标准宜与OCC保持一致，利用周期性检修作业开展BOCC核心系统设备维护检修及冗余性测试。同时，应针对OCC及BOCC双中心热备冗余功能进行切换能力测试，测试内容应包含信号、综合监控、专用通信、PSCADA系统主备控制中心设备热备冗余测试,以及OCC/BOCC控制权整体切换测试。

图8-7 BOCC设备实例

2. 车载唤醒模块维护

全自动运行线路电客车均应搭载车载唤醒模块,作为全自动场段列车自动唤醒管理功能的基础,车载唤醒模块宜作为车辆蓄电池永久负载,能够维持长时间的带电状态。当接收到中央唤醒指令时,控制列车蓄电池控制继电器吸起,车辆母线完成上电;当接收到中央远程重启车载控制器指令时,能够控制车载控制器电源断路器分合,实现车载计算机死机情况下的远程重启功能。

车载唤醒模块的检修维护应对设备的外观、灯位、安装牢固情况、与车辆/信号设备接口线缆稳固性和远控功能进行检查,确保与车辆/信号设备接口线缆稳固、设备远程唤醒、重启车载计算机、模块自检等功能正常,避免因唤醒模块死机或掉电导致的列车无法唤醒。车载唤醒模块设备如图8-8所示。

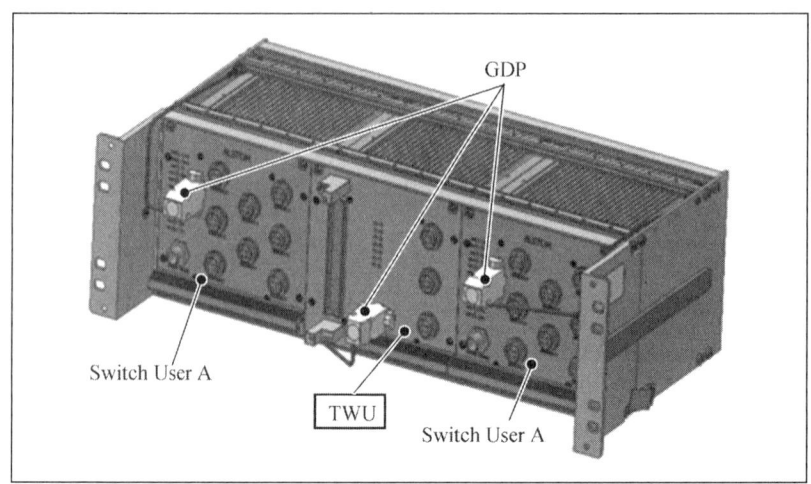

图8-8 车载唤醒模块设备图

（三）在线监测设备的使用维护

1. 信号专业在线监测、ATS维护工作站

信号专业在线监测系统主要是对信号系统设备进行集中远程监控管理，检查各系统及其接口状态工作情况，实现对信号设备及相关接口的监测并告警。

全自动运行线路运营管理单位维保部门宜利用信号监测平台进行早晚高峰远程送车，远程监测出库列车车载设备运行状态，可有效降低人员出入无人区的频次，提高场段全自动作业效率。同时，每日可通过在线监测设备高频次远程调阅信号设备状态图、道岔曲线、温湿度、缺口值等内容，覆盖早晚高峰出车等关键运营节点，确保全自动线路当天正常运营。在条件允许的情况下，在线监测系统宜配置信号CI、轨旁ATC、ATS、DCS等主要设备的远程复位功能。

2. 专用通信网管

专用通信网管主要对传输系统、无线系统、交换系统、电源系统、乘客信息系统、视频监控系统、广播系统、乘客信息系统、时钟系统、办公自动化系统进行集中远程监控管理。

与常规线路相比，全自动运行线路运营管理单位维保部门应利用网管设备重点监测无线/PIS车地网络状态、CCTV视频拉流效果、早间列车唤醒时无线车载台与中央数据通道测试情况等信息，确保全自动线路全天专用通信设备运行以及相关场景联动正常。

3. 车辆专家工作站

全自动运行线路在ATS新增对车辆设备状态监测功能的基础上，对该功能进行扩展，形成用以实现车辆设备状态、告警信息等运行数据以及列车车厢拥挤度等客服数据的实时监测，并远程控制车辆设备动作的车辆专家平台，一般设置在控制中心大厅，界面如图8-9所示。该系统一般集成车辆TCMS系统和信号系统ATS接口，实时获取全线车辆实时运营和运行信息、车辆设备实时状态和故障报警等信息。

全自动运行线路运营管理单位维保部门可结合车辆专家系统功能设置OCC调度岗位，通过车辆专家实时监测车辆运行状态，同时针对列车类复合岗位可设置一人常态化在OCC进行车辆专家监控，以实现突发车辆故障时对车上值守人员进行远程指导，保障列车安全运行。

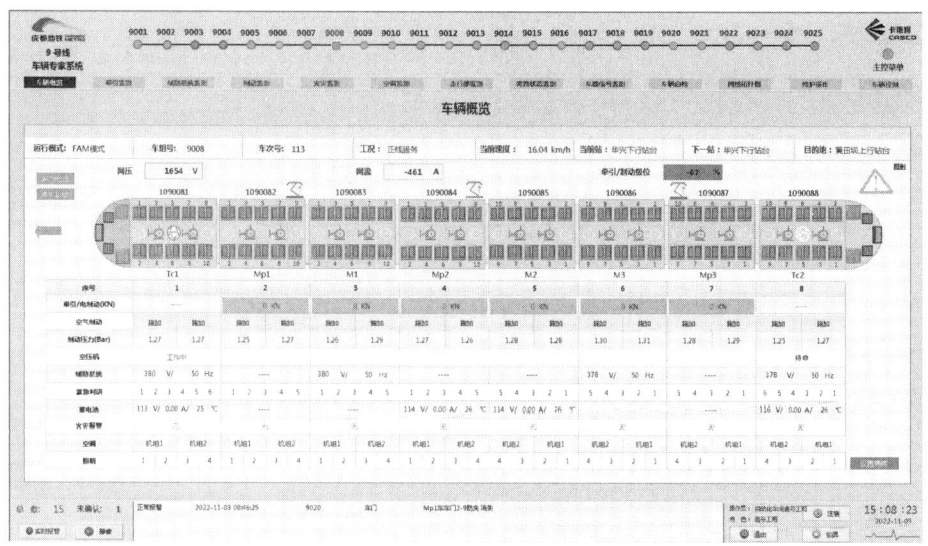

图8-9　车辆专家工作站界面

二、智能运维研究建议

基于传统的设备维护技术规程与作业标准体系的设备维保还是以"预防为主、防治结合、修养并重"为主要思路，以周检、月检、年检及其他专项检查为手段开展设备检修及故障处置，但结合全自动技术发展趋势及全自动运行线路数据集成化条件，运营管理单位应思考如何实现智能运维，做到精准维修，减轻人力成本及时间成本的浪费。

（一）智能运维简述

智能运维是以关键设备为主要管控对象，围绕设备运维全过程质量控制，采用移动通信、云计算、大数据等智能技术，实现关键系统和设备故障自诊断、远程集中监测、故障预测健康管理等功能的综合智能维修系统，以提高安全服务水平和管理效率，降低劳动强度、技能要求和运维成本。2020年3月12日，中国城市轨道交通协会正式印发了《中国城市轨道交通智慧城市发展纲要》。该纲要给出了推荐的智慧城轨的建设目标、整体规划、建设内容等，铺画了一张智慧城轨发展蓝图、八大体系，其中智能运维就是八大体系的一个重要组成部分，对轨道交通智慧化发展奠定了基础。智慧城轨体系框架如图8-10所示。

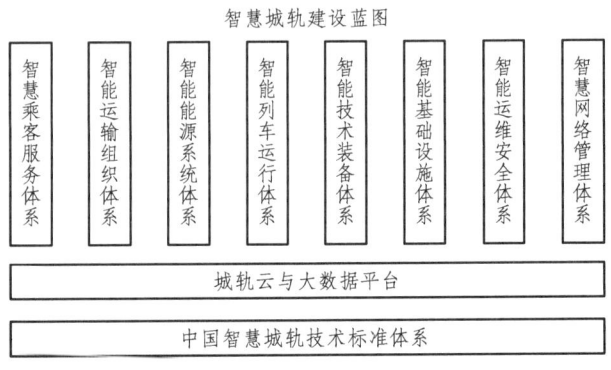

图8-10 智慧城轨体系框架图

（二）全自动运行线路智能运维思考

全自动运行线路系统数据集成度高，聚集了影响行车各系统关键数据，为智能运维系统自动分析奠定了一定的数据基础。因此全自动运行线路智能运维应以数据研究为主线，建设并配备智能运维系统，通过对关键设备的状态监测、数据采集和数据分析，实现对于关键设备状态的实时监督、故障预测及预警形成设备健康评价。运营管理单位可结合设备健康评价，精准确定设备状态，适当调整检维护要求以提高工作效率、节省人力和维护保养经费。

以车辆智能运维监测系统为例，全自动运行线路考虑到UTO无人驾驶模式，车辆专业一般配置有相比传统线路的车辆数据监测更加全面的车辆智能运维监测系统。该系统应融合包括但不限于车门、走行部、弓网、蓄电池等多个车辆子系统，实现车辆状态监控、故障记录及报警、车辆定位等电客车全方位的远程监控，并新增牵引能耗数据自动记录、在线数据实时分析、关键开关键寿命管理、故障应急处置及亚健康预测分析等重要功能。全自动运行线路运营管理单位维保部门可充分利用车辆智能运维监测系统，开展车辆无纸化检修研究、车辆常见故障预警模型设计、车辆故障分级告警管理机制等创新工作，建立起以预警为指导的智慧维护要求，并调整车辆检修作业周期，优化车辆检修维护项点，确保车辆系统运行安全。

三、系统升级管理

全自动运行系统设备在运营期发现的问题应进行专项升级整改，一般都面临着系统软件的变更，但全自动运行线路各系统关联程度进一步加深，任意系统软件的更改都会带来运营管理风险。因此，运营管理单位应针对全自动运行线路专项制定运营设备设施软件变更实施相关管理办法，对设备设施进行分级管控机制，明确软件变更申请流程、软件变更管理要求、变更功能现场测试要点及变更资料内容要求，从源头做好软件变更风险管控。

(一)分级管理

系统升级应结合系统软件变更后的安全风险程度进行分级分类,应制定分级审核标准,做好升级流程及管理跟岗要求,一般按照三级管控要求执行,分级总体原则如下:

1. Ⅰ类软件变更

涉及系统安全平台变更、软件架构变更,以及属于安全核心部分的算法逻辑变更、较复杂的安全功能变更和重大安全功能缺陷克服等应为Ⅰ类软件变更,该类变更须供应商进行第三方认证或外部专家组测试、评审(不具备第三方认证条件时)。

2. Ⅱ类软件变更

直接影响车辆牵引/制动系统ATP软件变更、附带安全认证及安全限制条件的软件变更、涉及安全的应用控制功能变更、安全相关接口功能变更、核心设备的一般安全功能变更和一般安全缺陷克服等需要修改软件的应为Ⅱ类软件变更,该类变更应执行供应商内部安全评估流程。

3. Ⅲ类软件变更

数据变更、非安全功能变更,以及其他非安全相关的变更等应为Ⅲ类软件变更,该类变更应执行供应商内部的检验测试发布流程。显示设备及维护类软件的变更按Ⅲ类变更管理。

(二)人员跟岗要求

运营管理单位应安排管理人员、技术人员及一线维保人员进行现场跟岗,监督、指导现场施工作业,软件供应商应根据软件变更等级安排相关负责人进行现场升级管理。

（三）升级管控流程

（1）系统供应商应提供前期升级准备文件，并按运营管理单位系统变更相关管理办法开展升级准备工作，包括但不限于：

① 编制软件变更需求和测试文件。

② 明确执行变更过程的人员职责。包括但不限于：设计人员、验证人员、确认人员、质量安全人员、配置管理人员、评审人员。根据不同的安全完整性等级，验证与确认人员和设计人员应满足相应独立性要求。

③ 制定变更计划，明确每个变更事项的变更内容、责任人、计划完成时间以及变更核查验证确认人员。

④ 依据变更描述、影响分析及变更计划组织变更实施，并进行记录。每项变更的输出文件应依据变更描述、影响分析进行验证确认或评审。

⑤ 建立执行变更控制管理的相关制度，包括但不限于：软件变更控制程序、测试管理控制程序、配置管理控制程序、软件版本编号标准等。

⑥ 对变更软件进行版本控制，质量保证人员应对软件版本发布过程进行审核，并记录审核结果。

（2）系统软件变更实施前必须经过以下测试、试验过程：

① 供应商进行软件变更的内部仿真试验和测试。

② 供应商应按照系统软件变更流程做好软件变更需求审核、软件修改、验证确认和批准发布工作。

③ 供应商在完成软件变更内部流程后，应以文件形式报运营管理单位提出软件变更申请。

（四）管理要求

（1）系统软件在变更实施前由软件供应商组织评定，同时落实软件的编制、复核及仿真试验验收程序，保证软件无安全隐患。供应商应保证仿真试验平台的完善，确保功能、接口能够得到验证。

（2）运营管理单位在收到供应商软件变更文件后应逐级组织维保管理单位进行审核。

（3）系统升级作业原则上需先进行试整改（含扩大试整改）跟踪验证，之后进入设备设施软件试整改评估观察期，观察期间无异常后进行正式整改。如果不能实现一次性升级整改完成的，则应扩大试整改范围，然后逐步实现全部整改。

（4）全自动运行线路系统升级管理应重点注意现场测试验证环节，现场测试应首先组织动车验证对升级变更的各项功能应验尽验，其次组织系统预升级验证升级现场组织流程，最后组织系统正式升级整改。同时，核心系统软件升级后，现场测试应重点对与该系统直接相关的行车场景联动功能进行验证。

第二节　维保组织管理

全自动运行线路自动化水平的提升，为各专业减员增效提供了基本条件。与此同时，全自动运行线路岗位职能复合以及多专业融合管理的需求和应用条件给设备维保组织管理也提供了新的思路，通过对维保组织架构的重新规划与设计，明确各专业生产班组设置和业务要求，为专业联合检修建立有利基础，可提高运营管理单位维保管理效率与维保质量。

一、生产班组设置

运营管理单位应根据设备设施分类进行专业化维保管理，不同的运营管理架构对专业的分类有不同的原则，结合全自动线路接口紧密的特点，可按照专业划分为自动化、车辆、机电及工电各专业维保，结合专业特点及设备维保要求进行生产班组设置。

（一）自动化专业维保组织

1. 业务构成

自动化车间维保业务宜由信号系统、专用通信系统和综合监控系统（含 BAS、ACS系统）维保检修工作及故障处置组成。

信号、专用通信、综合监控系统作为全自动运行系统上层的自动控制、信息集成、远程监督等功能架构核心，相较既有常规线路呈现出更深层的联动能力、更丰富的信息集成，整合三个专业维护有利于减少专业沟通壁垒，有助于运营期接口稳定性维护。

2. 班组划分及布点安排

根据专业特性及接口特点，可按照信号专业及综合弱电专业（综合监控+专用通信）两类进行维保班组细分。

（1）信号维保工班。

信号维保工班负责按照生产计划开展信号系统日常、专项维保及临修等作业，承担正线、场段、OCC/BOCC信号专业系统应急值守、设备巡检、计划性检修及故障应急处置、场段行车设备应急操作等工作。

可根据生产组织需求设三类工班，分别为信号ATS工班、信号场段综合工班和信号正线工班，分布位置覆盖全线信号维保业务。

（2）综合弱电维保工班。

综合弱电维保工班负责按照生产计划开展综合监控系统和专用通信系统日常、专项维保及临修等作业，承担正线、场段、OCC/BOCC的综合监控、专用通信系统以及场段安防系统应急值守、设备巡检、计划性检修及故障应急处置等工作。

可根据生产组织需求设两类工班，分别为综合弱电OCC工班和综合弱电线路工班，分布位置覆盖全线综合监控系统和专用通信系统维保业务。

3. 班制安排

（1）信号维保工班。

应急值守、日/周巡检等例行性检修宜采用四班两运转模式，保证工班、值守点24小时有人值守；计划性检修宜采用长白班模式。信号维保工班在OCC、正线大小交路折返站、车辆段/停车场应采用双人双岗应急值守；中间站、BOCC可根据线路实际运营组织需要设置单人或双人应急值守点。

（2）综合弱电维保工班。

应急值守、日/周巡检等例行性检修宜采用四班两运转模式，保证工班、值守点24小时有人值守；计划性检修宜采用长白班模式。综合弱电维保工班在OCC应采用双人双岗应急值守；正线、场段、BOCC可根据线路实际运营组织需要设置单人或双人应急值守点。

（二）车辆专业维保组织

1. 业务构成

车辆维保业务主要包括车辆、车辆段工艺设备两大板块，由车辆及相关设备的例行检修、计划性检修、故障临修、技术整改、专项作业以及日常保障、应急抢修、应急救援等构成。

2. 工班划分及布点安排

根据维保业务划分，可按照电客车、工程车及场段设备进行维保班组细分。

（1）运用巡检工班。

运用巡检工班负责按照电客车检修生产计划，周期性开展检修作业、临时故障处理及应急处置等业务，同时承担车间属地巡视、应急响应支援等工作。

按照列车类岗位复合原则，巡检工班还应负责电客车运营、调试等动车类驾驶业务的手动开行业务，或全自动驾驶模式下的运行值乘，以及突发事件应急处置与指导等工作。

可根据组织特点及生产组织需求设三类工班,分别为车辆巡检工班、质检组和OCC指导组。分布位置覆盖车辆段/停车场、OCC、全线电客车内运维业务、折返站值守换乘点。

(2)场段设备工班。

场段设备工班负责场段及部分正线站点工艺设备的周期性维保以及故障处置等作业,承担电客车车体清洗设备的维护保养作业,电客车弓网轮对检测设备的定期维护,配合电客车大部件更换作业,电客车/机车救援设备维护等业务。

根据生产组织需求,场段设备工班一般仅设置一个工班,分布位置为覆盖全线工艺设备维保业务的场段及站点。

(3)工程车工班。

工程车工班负责工程车周期性检修生产作业、工程车开行作业、工程车故障处置以及正线电客车/机车应急救援等任务,承担全线钢轨转运驾驶业务,以及各类施工时需动用作业车驾驶开行任务。

根据生产组织需要可设两类工班,分别为工程车检修组和工程车调车组,均位于车辆段/停车场,覆盖全部工程车检修作业和工程车开行业务。

3. 班制安排

(1)运用巡检工班。

车辆巡检班负责场段应急值守、电客车周期性维保,电客车正线运行值乘等,保证电客车检修计划正常开展,场段属地24小时有人值守,电客车正线运营值乘无缝衔接,宜采用5班4运转模式。

质检组负责电客车检修作业质量卡控、技术指导、现场作业安全防护等卡控任务,台账填写检查等检修生产督查事项,宜采用常白班制,以及定期人员轮换督查夜间检修作业情况。

OCC指导工班负责电客车正线运行时,电客车故障的应急处置、场段接发车故障处置、运检工作业流程指导以及突发信息流转等事务,宜采用单人4班3

运转模式。

（2）场段设备工班。

设备工班定期维护场段工艺设备，确保电客车救援设备设施、防汛抢险等设备功能可靠可用，宜采用长白班制，周末及节假日轮换人员白班值守。

（3）工程车工班。

工程车检修组负责工程车周期性检修作业、故障处置等，宜采用长白班制。

工程车调车组负责夜间工程车开行业务，电客车/机车应急救援，场段内调车等业务，应双人24小时值守，宜采用4班2运转模式。

（三）机电专业维保组织

1. 业务构成

机电专业维保业务跟常规线路基本一致，主要包括站台门、AFC、低压供电、通风空调、给排水、消防、电扶梯等系统设备。

2. 工班划分及布点安排

根据专业特性及车站属地管理要求，可按照车站设备专业及机电检修专业两类进行维保班组细分。

（1）车站设备工班。

车站设备工班负责站台门与电扶梯专业的运维管理及AFC专业的自维管理，负责所辖专业设备的故障处理分析、值守和应急抢险工作，保障设备的运行正常。

（2）机电检修工班。

机电检修工班负责风水电、消防专业的运维管理，负责所辖专业设备的故障处理分析、值守和应急抢险工作，保障设备的运行正常。

根据生产组织需求，一般在正线车站设置一处工班驻点，可结合线路长度及专业应急响应要求增加应急值守点。

3. 班制安排

根据班组应急值守和维修计划安排，宜采用长白班和夜班值守的综合工时制排班，确保24小时应急值守覆盖和检修保养工作正常开展。

（四）工电专业维保组织

1. 业务构成

工电专业维保业务跟常规线路基本一致，主要包括供变电、接触网及工务土建系统设备。

2. 工班划分及布点安排

（1）供电综合工班。

供电综合工班负责按照生产计划开展供电专业日常、专项维保及临修等作业，承担正线、场段的供电系统应急值守、设备巡视、计划性检修及故障应急等工作。

根据生产组织需求，工班驻点一般位于场段，正线可结合线路长度设置3~4个值守点位，负责故障应急及日常巡视。

（2）接触网检修工班。

接触网检修工班负责按照检修规程计划开展接触网设备年检、专项维保及临时检修作业，承担正线、场段接触网设备应急、梯车巡检、故障应急处置等工作。

根据生产组织需求，工班驻点一般位于场段，正线及停车场应设置值守点，负责故障应急及日常巡视。

（3）工建检修工班。

工建检修工班全面掌握轨道和土建结构设备状况，合理安排生产计划，完成维修生产和设备检查监控任务，监督委外单位施工质量、安全管理、考核等工作。

根据生产组织需求，可在场段设工建检修工班1个、正线工班1个，保证人员分布满足日常应急和班组日常内业台账及生产需求。

3. 班制安排

（1）供电综合工班。

供电综合工班值守点人员宜采用四班两运转模式，保证值守点24小时有人值守，其余班组人员宜采用长白班的上班模式，同时每月进行值守点人员轮换。

（2）接触网检修工班。

接触网检修工班正线值守点采用单人应急值守，停车场值守点采用双人双岗应急值守，接触网工班及值守点均为四班两运转模式，保证工班、24小时有人值守。

（3）工建检修工班。

工建检修工班宜采用长白班的班制模式，周末节假日应有人值守，班组班制安排灵活，根据实际生产任务进行调整。

二、联合检修管理

结合全自动运行系统具备的高度集成的特点，运营管理单位可结合各个系统设备功能接口、安装位置、维护周期等情况，采取联合检修的方式开展系统设备维护保养，以提高车辆、轨行区、设备区等检修天窗点资源利用率。由于全自动运行线路中多系统设备联动功能较多，运营管理单位应组织设备维保部门明确相关联动功能的测试科目和周期，确保相关功能正常运作。

联合检修按照设备处所和作业性质可分为车载设备联合检修、轨旁设备联合检修、控制中心设备联合检修以及多系统联动功能联合测试等类别，并按以下方式进行检修维护组织管理：

（一）车载设备联合检修

1. 检修范围

检修范围应包括车辆本身、车载信号设备、车载通信设备以及弓网、轨道、隧道等专业安装在列车上的各类车载设备。

2. 修程修制

各专业应明确各类车载设备的检修维护周期和维护内容，统筹列车和车载设备检修规程，原则上检修维护周期相同的作业内容均可纳入修程修制统一管理，其修订过程和修订内容应纳入联合检修的各专业流程管控，避免出现工作脱节。

3. 检修计划

检修计划应由唯一单位管理，车载设备检修维护宜由车辆专业总体牵头，根据联合检修规程排布年、月、周、日的周期性检修计划，各相关单位按照检修计划组织车载设备联合检修。

4. 检修组织

根据检修计划，各检修单位按规定时间、地点和修程组织车载设备检修维护，车载设备的检修维护应纳入统一的派工和生产闭环管理，各设备管理单位在检修维护结束后须向车辆管理单位提供检修合格证明，作为车辆整体可用的凭证。

（二）轨旁设备联合检修

1. 检修范围

检修范围应包括轨道、道岔、接触网、轨旁信号设备等各类轨旁设备。

2. 修程修制

各专业应明确各类轨旁设备的检修维护周期和维护内容，统筹列车和车载设备检修规程，原则上检修维护周期相同的作业内容均可纳入修程修制统一管理，其修订过程和修订内容应纳入联合检修的各专业流程管控，避免出现工作脱节。

3. 检修计划

检修计划应由唯一单位管理，轨旁设备检修维护宜由轨道专业总体牵头，根据联合检修规程排布年、月、周的周期性施工检修计划，各相关单位按照施工检修计划组织轨旁设备联合检修。

4. 检修组织

根据施工检修计划，各检修单位按规定时间、地点和修程组织轨旁设备检修维护，施工请销点宜纳入联合检修管理，由牵头单位组织施工，轨旁设备的检修维护派工和生产闭环管理由各单位自行负责并明确设备可交付使用的管理规则。

（三）控制中心（含备用控制中心）设备联合检修

1. 检修范围

检修范围应主要包括控制中心大厅或影响控制中心大厅设备使用的信号、综合监控、专业通信等专业设备。

2. 修程修制

各专业应明确各类控制中心大厅设备或影响控制中心大厅使用的设备检修维护周期和维护内容，统筹列车和车载设备检修规程，原则上检修维护周期相同的作业内容均可纳入修程修制统一管理，其修订过程和修订内容应纳入联合检修的各专业流程管控，避免出现工作脱节。

3. 检修计划

检修计划应由唯一单位管理，控制中心设备检修维护宜由信号专业总体牵头，根据联合检修规程排布年、月、周的周期性施工检修计划，各相关单位按照施工检修计划组织控制中心设备联合检修。

4. 检修组织

根据施工检修计划，各检修单位按规定时间、地点和修程组织控制中心设备检修维护，施工请销点宜纳入联合检修管理，由牵头单位组织施工，轨旁设备的检修维护派工和生产闭环管理由各单位自行负责并明确设备可交付使用的管理规则。

（四）多系统联动功能联合测试

1. 测试范围

测试范围应覆盖全自动线路运营安全和客服需要的各类系统联动功能，包括但不限于列车逃生门打开、车辆紧急对讲触发、车门紧急解锁、车门站台门防夹功能启动、车门站台门对位隔离、列车及区间火灾、接触网失电、车门状态丢失、站台门间隙探测、障碍物及脱轨检测激活等。

2. 修程修制

各专业应明确各类多系统联动功能的测试科目和测试周期，纳入列车、车载、轨旁和控制中心设备检修规程，原则上已经确定的联动功能测试作业内容均可纳入修程修制统一管理，在一个中修（架修）周期范围内宜开展不少于1次联动功能测试，其修订过程和修订内容应纳入联合检修的各专业流程管控，避免出现工作脱节。

3. 测试计划

联动功能测试应由唯一单位管理，宜由信号专业总体牵头，根据联合检修规程排布年度测试计划，按施工检修管理规则组织测试，各相关单位按照施工检修计划组织设备联动功能联合测试。

4. 测试组织

根据施工检修计划，宜由指定单位总体牵头，各检修单位按规定时间、地点和修程组织测试，运营管理单位应明确设备测试合格可交付使用的管理规则。

第三节　车辆基地管理

全自动运行线路车辆基地一般分为全自动运行区域与非全自动运行区域，在两者的转换区域须具备列车全自动运行条件，同时该区域需要配置人员通道、门禁设施、登乘平台等设施。运营管理单位须针对车辆基地制定管理规定，并区分全自动运行区域和非全自动运行区域的管理模式，保证全自动运行与人工驾驶之间转换时的人员安全。

一、门禁管理

车辆基地全自动运行区域应采用独立封闭式管理，与非全自动运行区域之间设置物理隔离措施，全自动轨行区设置SPKS防护和门禁授权准入功能，人员进出车辆基地轨行区进行作业时，须设置SPKS防护，然后根据防护作业区域对具有作业资质的人员开放SPKS门禁授权。

（一）非全自动运行区域

1. 区域范围

非全自动运行区域为不具备全自动功能或长期不开放全自动运行功能的区域，一般为检修库、定临修库、镟轮线、工程车库和试车线等区域。具备FAO功能但仅在有人监控状态下进行全自动运行功能测试的试车线宜纳入非全自动运行区域管理。

2. 区域防护

非全自动运行区域轨行区应进行封闭式管理，人员出入宜采用普通门禁授权方式，在出入相关轨行区时使用普通门禁系统设备进行防护，不具备普通门禁系统功能条件的，可在出入口设置专门的安保人员进行出入管理，实行人工防护。

3. 门禁授权方式

非全自动运行区域可采用普通门禁系统，对该区域内常态化作业资质的人员（原则上为车辆和车辆段设备维修管理单位相关人员）开放门禁授权后，可正常使用门禁卡刷卡进出。

（二）全自动运行区域

1. 区域范围

全自动运行区域为具备全自动功能或常态化开放全自动运行功能的区域，一般为停车列检库、洗车线、咽喉岔区、牵出线、联络线、全自动/非全自动转换点、出入段（场）线等区域。

2. 区域防护

全自动运行区域应采用独立封闭式管理，相关作业人员在进入全自动运行区域轨行区前须进行专门的SPKS防护并联动专门的门禁授权，在出入相关轨行区时使用经SPKS授权激活的专用门禁系统设备进行防护。条件具备的线路宜考虑SPKS专用门禁系统刷卡点位异常告警、视频监控联动和操作日志记录功能，存在非法打开门禁的情况时自动在本地和远程监控终端告警并联动视频监控，便于基地管理人员快速掌握现场情况。

3. 门禁授权方式

全自动运行区域采用SPKS专用门禁系统，对具备作业资质的指定人员设置门禁功能，并在SPKS防护门禁授权后可正常使用门禁卡刷卡进出。条件具备的全自动运行线路可考虑采用人脸识别、指纹识别等功能代替门禁卡。

二、施工管理

全自动运行线路的车辆基地施工管理应充分考虑全自动运行区域、非全自动运行区域和跨区域施工的作业需求，制定专门的施工管理规则和流程。

（一）全自动运行区域施工管理

1. 施工管理界面

全自动运行区域施工管理应由专门的管理机构负责，其施工类别、施工计划、施工请销点管理等均为专门的管理模式，应与非全自动运行区域施工管理作明显区分。可比照正线轨行区施工管理模式，将其纳入控制中心施工管理范围，DCC为施工请销点受理单位，控制中心为施工审批单位。

2. 施工组织

全自动运行区域的施工组织应与轨行区SPKS防护、门禁系统授权密切关联，按照先设置防护、再办理请点、后组织施工的原则组织施工作业，按照先确认区域出清、再办理销点、后撤除防护的原则组织施工销点。

（二）非全自动运行区域施工管理

1. 施工管理界面

非全自动运行区域施工管理应由专门的管理机构负责，其施工类别、施工计划、施工请销点管理等均为专门的管理模式。可比照普通线路车辆基地轨行区施工管理模式，将其纳入DCC施工管理范围，DCC为施工请销点受理和审批单位。

2. 施工组织

非全自动运行区域的施工组织可参照普通线路车辆基地管理模式进行。

（三）跨区域施工管理

1. 施工管理界面

跨区域施工管理应按照全自动运行区域管理模式进行管理，其施工类别、施工计划、施工请销点等均为有别于一般场段的特殊管理模式。可按照正线轨行区施工管理模式,将其纳入控制中心施工管理范围,DCC为施工请销点受理单位,控制中心为施工审批单位。

2. 施工组织

跨区域的施工组织应按照全自动运行区域施工组织模式进行,涉及全自动运行区域的应与轨行区SPKS防护、门禁系统授权密切关联,按照先设置防护、再办理请点、后组织施工的原则组织施工作业,按照先确认区域出清、再办理销点、后撤除防护的原则组织施工销点。

第四节　本章小结

本章主要总结了全自动线路设备维保要点及组织实施的差异性,维保组织向智能化、集约化方向发展。

一方面,全自动运行线路设备维保要结合常规线路的维保经验进行总结提升。针对新增设备修订检修规程、作业指导书等技术标准是设备维保管理的基础,能够确保设备差异化研究落地;利用系统数据进行分析指导设备维护亦是全自动运行下智能运维的新方向。运营管理单位要打开思路,在稳扎稳打做好设备维护基础管理的同时,也要利用系统优势改变传统维保思路,为"精准维护"创造条件。

另一方面,在开展全自动运行线路设备维保组织架构设计工作时,应充分考虑专业接口关系,研究开展各专业岗位职能复合、专业融合管理的可行性,尽早明确适用于全自动运行线路的专业生产组织设置,并研究深化联检联修工作,是维保管理工作提升的有利条件。同时,结合维保部门的职责要求,应做好车辆基地门禁系统权限管理方案以及非全自动/全自动运行区域、跨区域的施工管理要点,保证全自动车辆基地高效、安全运作。

第九章 全自动运行线路客运服务管理

随着城市轨道交通的不断发展,轨道交通客运服务作为城市的窗口,日益成为人们关注的重点。全自动运行系统具有更高效、更便捷及更高服务水平的突出优点,除了增设适应全自动运行线路特征的乘客调度岗位以足开展常规的客运服务工作外,应结合系统自动化特点对客运服务差异化管理进行梳理。本章将从乘客服务要求、导向设置及换乘站管理三个方面进行介绍,对全自动运行线路的客运服务管理要求提出思考。

第一节 差异化乘客服务要求

全自动运行线路乘客服务应充分利用标识、广播、提示音、乘客信息显示、视频设备等多种方式为乘客提供客运服务及安全应急等信息,满足全自动运行客运服务质量要求。全自动线路DTO运行模式下,车上值守人员应为客室乘客提供问询、为特殊乘客提供帮助等服务。UTO运行模式下,中央调度员应根据乘客需求,通过视频监控系统、远程广播等辅助手段为客室内乘客提供必要的服务,现场运营人员在对车站或列车进行巡查的过程中,可为乘客提供问询、为特殊乘客提供帮助等服务。

全自动运行线路乘客服务差异化要求,应结合乘客界面、乘客事务处理的差异化进行总结提升,确保能为乘客带来智能、便捷的全新乘车体验。

一、客服设备智能化提升要求

(一)乘客广播、乘客信息智能化更新

运营管理单位应结合运营场景,制定不同运营组织模式下的车站广播及乘客信息界面显示标准,广播系统应提供广播词拼接功能,提高广播播报的灵活性,实现各种运营场景下列车广播的全自动播报,为乘客提供准确的乘车信息,提高客运服务质量。

(二)乘客安全防护功能需求完备

运营管理单位在系统功能设计阶段应对客服设备提出安全防护功能需求,如:将红外光栅探测系统接入站台门安全回路,避免人、物夹在站台门与列车车体之间的间隙从而造成危险;实现对位隔离功能,当站台门或列车门发生故障时,对应的车辆门/滑动门保持一致的关闭状态,提高乘客乘车的安全性等。运营单位应针对乘客面对的设备进行功能智能化可行性分析,以系统功能替代人为服务,有助于提升乘客乘车体验。

(三)列车控制功能优化提升

运营管理单位在系统功能设计阶段应考虑智慧化及人性化功能需求,如运营人员可通过远程控制或系统自动为乘客提供适宜的照明、制冷和采暖等服务,以提高乘客乘车满意度。当出现大客流时,运营人员可通过控制功能调整停站时间、增加运力等措施满足客流需求。

二、客服岗位新增服务要求

(一)乘客调度

乘客调度作为全自动运行线路OCC新增岗位,在应急情况下可通过乘客语

音对讲直接通话，也可通过列车广播远程对乘客进行突发事件的安抚。因此，针对乘客调度岗位应明确服务标准、列车远程广播启动时机及启动要求，并对十字文明用语、乘客咨询回复等要求进行明确。

（二）车上值守人员

若全自动运行线路采用开放驾驶室，车上值守人员会直接面对乘客，因此车上值守人员不仅要有电客车驾驶技能和应急故障处置技能，还应具备乘客服务意识与乘客服务技巧。运营管理单位可结合运营管理架构，发布全自动运行线路车上值守人员服务标准，对其跟车的仪表仪态、服务重点进行规范，并对十字文明用语、乘客咨询回复等要求进行明确。

（三）列车保安（列车安全文明巡查员）

全自动运行线路应考虑在运营高峰时段配置列车保安维护列车运营秩序及应对突发事件处置，列车保安应服从车上值守人员或乘客调度管理，在车厢内进行巡视，制止在列车上推销产品或从事营销活动、使用电子设备时外放声音等滋扰乘客的不文明行为。同时，当车上值守人员在驾驶室操作设备时，若全自动运行线路采用开放驾驶室，列车保安应劝乘客离开驾驶室，立岗值守驾驶室防止乘客进入或干扰操作。

三、突发乘客事务处理要求

（一）列车突发乘客事务

为实现对乘客提供及时、全面、有效的服务，全自运行动线路乘客调度通过远程监控以及与OCC其余各调种、相关车站联控处理列车上突发乘客事务，为乘客提供精准、周到的定制化服务。

1. 全时段、全覆盖监控

在日常工作中，乘客调度通过专用CCTV监控系统、综合监控系统及客流监控系统对列车客室和重点车站的乘客秩序及客流情况进行实时监控，及时介入乘客事务应急处置工作，为突发乘客事务快速处置提供条件。

2. "智能+人工"报警响应

当列车上突发乘客事务，乘客触发客室内紧急对讲报警后，OCC大屏智能推送对应报警器附近监控画面，同时乘客调度人工介入，与报警乘客建立联络通话，详细了解现场情况，开展乘客安抚、引导等工作，并根据掌握的现场情况及时联动相关岗位开展行车调整及处置响应工作。运用检修工、跟车保安接报后立即前往报警点进行处置；相应车站接报后做好人员、物资准备，随时协助进行乘客事务处置。

3. 全方位乘客引导

当列车上出现突发异常、因故临时调整行车秩序等情况时，乘客调度负责列车客室乘客广播安抚及预录广播中央远程下发等任务，通过乘客广播系统、乘客PIS信息系统等设备远程对车厢进行人工广播或下发乘客紧急信息，运用检修工、跟车保安接报后立即前往现场处置，防止出现恐慌或骚乱。

（二）车站突发乘客事务

为满足全自动运行线路安全运营需求，全自动运营线路增加部分差异化设备，车站一方面基于设备设施、人员服务等方面完善乘客事务解释指引口径，另一方面紧抓全自动运行差异化培训，提升员工处理突发乘客事务的能力。

1. 需进入轨行区处理的乘客事务

全自动运行线路严格管理轨行区，当出现需要进入轨行区处置的乘客事务时，如：乘客高价值物品掉落轨行区，需操作人员防护开关（SPKS）对相应区段进行防护，人员防护开关指示灯（SPKS）显示红色时，表示系统确认列车已停稳，同时车站工作人员确认人工驾驶的列车已经停稳，方可进入轨行区进行乘客事务处置。

2. 车门、站台门夹人夹物

全自动运行线路采用红外光栅探测系统对站台门与列车车体之间的间隙安全进行检测，并接入站台门安全回路，代替常规线路司机瞭望职能。站台门故障和红外光栅遇障时，门头灯显示黄色并常亮，当车门、站台门出现夹人夹物时，车站人员需及时根据门头灯状态判断故障场景并做好相应的处置。

3. 车门、站台门故障

全自动运行线路增设站台门与信号系统ATS通信接口，当站台门处于"关门"位或车门处于"隔离"位，对应的车门或站台门保持关闭状态，同时站台PIS显示屏和车厢内PIS均有文字提示引导乘客上下车，车站人员仅在故障处站台门上粘贴故障纸即可，最大限度地减少故障影响。

四、乘客意识培养

全自动运行线路应通过多种形式向乘客宣传全自动运行系统的安全乘车理念和突发事件应对知识，让乘客意识到全自动运行线路与常规线路的功能差异与服务差异，持续培养乘客自助服务的意识、设备自助使用的能力及安全风险意识，共同提升全自动线路客运服务质量。

第二节　差异化导向设置

全自动运行线路在总结既有城市轨道交通线路导向标识设置的经验基础上，应按照"准确""醒目"的原则借鉴国内外相关行业导向标识应用，对版面信息进行优化，将导向和车站整体装修进行整合。

一、设置原则建议

（1）优化进出站流线，同时减少立地标识，增加空间使用率。

（2）版面优化，吊挂导向采用无边框结构，使版面呈现更清晰，与内装更协调。

（3）统一整体风格，根据站内装修装饰条件，部分车站导向采用与摄像头一体化设置、票亭与PIS一体化、采用滑轨吊挂导向及装修立柱结合固定导向等方式，充分对空间进行合理运用，使得导向设置与装修协调统一、简洁美观，以达到提升客运服务水平和客流运输能力的效果，如图9-1所示。

图9-1　导向标识设置

二、全自动运行线路差异化导向

全自动运行线路根据线路场景文件处置程序、岗位复合情况和设备特点，并结合服务提升、装修条件等方面对线路车站导向进行差异化设置。

（一）调整滑动门编号位置

全自动运行线路对站台门故障初期处置及信息报送要求较常规线路更高。常规CBTC线路滑动门编号位于滑动门横梁上方顶部，不便于站台岗迅速找准定位，须调整侧滑动门编号张贴位置设置于滑动门框两侧，保障站台岗快速找准位置进行应急处置。站台门编号设置如图9-2所示。

图9-2　站台门编号设置

（二）新增清客按钮和站台中部PSL盘处警示标识

全自动运行线路增设有清客确认按钮和站台中部PSL盘，为防止乘客误触，须在按钮下方张贴警示标识。

（三）列车导乘屏优化

结合全自动运行线路特征对列车导乘屏优化升级，导乘屏列车采用三维立体显示，线路换乘信息及出入口服务设施标注按照简洁统一的标准优化，实现各运行场景下列车导乘屏的全自动显示，优化乘车指引信息，提高客运服务质量。

（四）紧急报警器位置标识

全自动运行线路列车上将原分离的两张紧急报警器位置标识合并，将紧急报警器位置标识"司机"改为"工作人员"。同时，为避免乘客误解紧急情况时错误操作，将原导则中的"紧急时开启此门"改为"紧急时开启此盖板"，如图9-3所示。

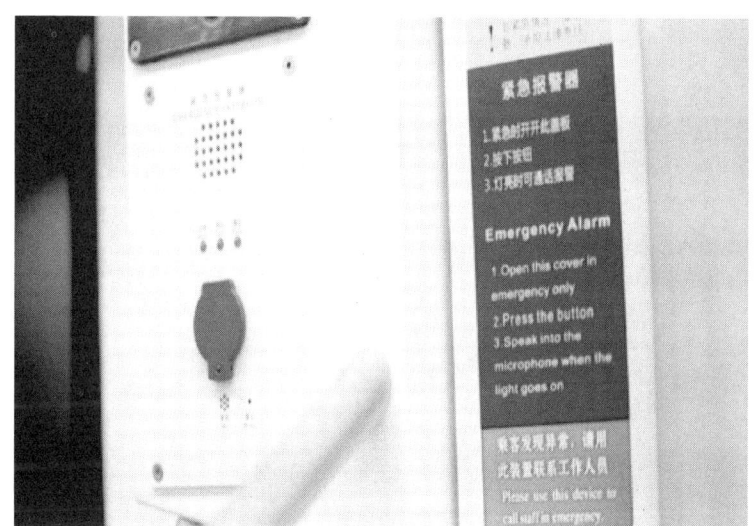

图9-3　紧急报警单元

（五）驾驶室盖板警示标识

列车驾驶室与客室通道门拆除后，驾驶室操作盖板在FAM模式运行时处于关闭状态，为避免乘客乘坐时误触碰，在驾驶室盖板上张贴"禁止触摸"警示标识。

三、全自动运行线路智慧车站特色乘客界面

随着城市轨道交通运营规模的迅速扩展及智能化水平的不断提高,为了更好地服务车站,助力车站精细化管理,全自动运行线路在部分站点打造智慧车站。智慧车站涵盖智能客服中心、智能导向、智慧边门、全息感知等智能化特色乘客界面。

(一)电子导乘屏

电子导乘屏包含出入口门匾、出入口时刻牌、站内导向屏,如图9-4所示。部分具备资源播放的站内导向屏可根据预案播放不同的内容。

图9-4 电子导乘屏幕

(二)电子街区图

电子街区图可触屏操作、手写、语音查询,所含内容包括站内查询、路线搜索和街区图信息展示等,如图9-5所示。

图9-5 街区电子屏幕

（三）多媒体站台屏

多媒体站台屏显示机场信息、列车位置、列车拥挤度、快车区别显示和PIS信息显示等，如图9-6所示。

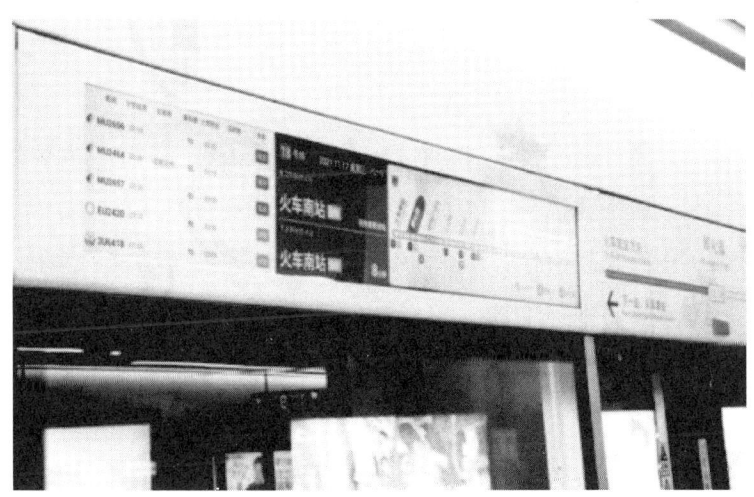

图9-6 站台信息显示屏幕

（四）智能客服中心

智能客服中心根据车站运作要求安排人员上岗，售票员在岗期间开启BOM办理乘事务处理，售票员应主动服务，为乘客快速解决问题。在日常服务中，可指引乘客学会使用自助票务处理终端（SBOM），提升乘客自助处理能力。乘客使用智能客服中心"求助"功能时，智慧车站后台工作站收到信息后，行车值班员须立即通知站务人员到现场解决乘客问询，智能客服台如图9-7所示。

图9-7　智能客服台

（五）智慧边门

智慧边门可通过刷人脸识别、通行卡、电子遥控器开关边门和智慧车站后台工作站控制。遇特殊乘客可通过车站智慧客服中心可办理免费通行注册，智慧车站后台工作站收到信息后，须立即安排工作人员到现场核实，工作人员到达现场进行信息核验进行注册。特殊乘客人脸识别注册成功后，可通过安检处智慧边门刷脸免费乘车。运营时段内，车站边门均应全部处于锁闭状态，仅特殊乘客通行、工作需要、应急处理时可开启。车站员工非特殊情况不得使用智慧边门及边门进出，日常均使用员工卡刷闸机进出车站，智慧边门闸机如图9-8所示。

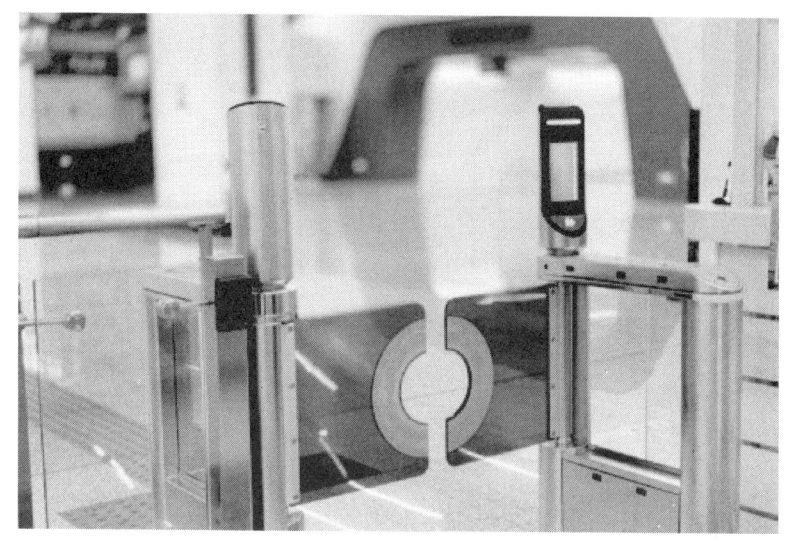

图9-8 智慧边门闸机

第三节 换乘站管理

城市轨道交通换乘站是指城市轨道交通线网中不同线路的交汇点,是为乘客提供跨线乘车的场所,换乘方式有通道换乘、站厅换乘、同台换乘、节点换乘等。换乘站作为城市轨道交通线网的关键节点,当城市轨道交通迈入大线网后,换乘站客运服务质量决定了线网各线路间客流交互是否高效、安全、舒适,较大程度上决定了乘客选择城市轨道交通出行的意愿,所以换乘站管理是城市轨道交通车站运营管理的重要部分。

全自动运行线路的换乘站因全自动运行线路与常规线路的行车设备有较大差异,行车及行车设备的应急处置流程也有所不同,该类换乘站较常规线路换乘站的运营管理在班组人员设置安排、应急处置以及技能评估要求加以区分。换乘站效果如图9-9所示。

图9-9 换乘站效果图

一、日常运营管理

根据车站层级管理架构以及车站实际管理需要,分线路配置站务人员,并做好各岗位职责编制。对于换乘通道等换乘接驳区域,要明确管理归属线路及管理岗位,避免出现无人管理的盲区。

运营管理单位应建立属地管理制度,由属地管理车站对驻站人员、属地用房以及车站末端属地设备进行统筹管理,并做好属地管理资料存档。建议换乘站属地管理由一个运营管理单位进行统筹管理,原则上由先开通线路所属运营管理单位接管后开通车站。换乘站要明确各线路属地管理界面,分线路管理驻站人员、属地用房以及车站末端属地设备,明确保洁、保安工作巡视范围,确保区域不重合、无盲区。运营管理单位应制定车站巡视要求,可结合可视化设备,按属地管理界面开展,确保属地安全可控,发生突发事件时,可调动车站保洁、安检、保安等在车站范围内的工作人员参与应急处置。

客运服务应围绕运营管理单位运营服务的宗旨目标开展,制定相应的客运服务标准并将重要指标进行量化卡控,确保运营服务质量。运营管理单位应加强对乘客宣传安全乘车知识，快速适应全自动运行线路运营环境，培养乘客的运营参与意识及自我服务意识。换乘站应根据车站具体情况编制高峰服务、末班车服务细化方案，明确服务时段、采取的客运措施及各岗位值守点位。开关站作业时各线路车站要同步开启，不得分线路开关站，要做好乘客引导。换乘站标识如图9-10所示。

图9-10　换乘站标识图样

二、行车组织

城市轨道交通全自动运行线路信号系统及站台门系统等与常规普通线路有较大的区别。车站行车组织作业也有一定差异，主要体现在站台门故障应急处置、站台门夹人夹物应急处置、清客以及其他与行车安全相关的各类应急处置。运营管理单位应从正常运营场景、故障场景以及应急场景出发，根据差异化行车设备，编制行车作业流程、行车设备故障应急处置流程及涉及行车的突发应急事件应急处置流程，并在动车调试阶段反复验证优化，形成各类场景作业流程指导手册。全自动站台服务如图9-11所示。

图9-11　全自动站台服务

全自动运行线路在站乘降作业、设备状态及行车安全等由设备、系统进行确认，现场站务人员通过设备现象判断处置故障，与非全自动运行线路相比缺少司机卡控，提高了故障处置风险。车站人员要加强对设备故障现象、产生故障现象原因、故障导向安全以及动车条件等应急处置原理进行掌握，建议运营管理单位梳理此类应急处置原理并纳入相应岗位技能评估范围，在面对各种突发应急事件时能最大限度地保证现场安全，以及将影响降到最低。

运营管理单位应重视涉及全自动运行线路的换乘站行车组织，要充分考虑不同线路间行车组织的差异化及人的惯性思维，做好换乘站运营人员安排，按线路固定运营班组人员，应避免安排非全自动运行线路班组人员担任全自动运行线路岗位，或全自动运行线路班组人员担任非全自动运行线路岗位。当出现行车故障或行车突发应急事件时，存在支援人员误操作的安全风险，运营管理单位应梳理制定线路差异化手册，要求换乘站运营人员掌握各线路应急处置流程，同时应避免安排支援人员操作差异化设备，合理安排支援人员，最大限度地控制行车组织安全风险。

三、客运组织

客运组织是换乘站的重点、难点生产工作，换乘站客流种类较多，流线复杂，往往无法完全疏解客流交叉点，这些客流交叉点是形成客运组织风险的主要因素，在客运组织工作中应重点关注。车站客运组织是根据车站建筑结构、客运设备设施布局以及客运设备设施通过能力开展的，从设备设施布局、设备设施能力、客流交叉、设备设施故障等情况全面梳理车站客运组织风险点，并为此制定防范化解措施，为形成车站客运组织方案打下基础。

运营管理单位应制定车站客运组织方案，包括日常客运组织方案、大客流客运组织方案、节假日及重要活动期间客运组织方案等，换乘站还应包括乘客换乘安全保障方案。各类客运组织方案都应明确岗位设置、岗位职责、客运服务设备设施状态、服务备品以及针对客运风险采取的措施等，提高客运组织方案的可执行性。结合车站建筑结构及设备布局，现场标注各级客流控制启动条件，明确各类客流控制措施设置点位，做好图例，确保现场执行不走样。

全自动运行线路分级控流机制及控流措施应结合线路设备特点单独制定。发生大客流时，站台作业人员要加强乘客排队候车、乘降作业引导，应视站台客流情况及时向行车调度申请增加列车停站乘降时间，避免出现抢上抢下及站台门、车门夹人夹物。建议运营管理单位研究线路、车站各时段客流规律，并做好车站周边客流需求收集，提前对大客流时段列车停站乘降作业时间进行修订，优化列车运行图。全自动运行线路列车满载率不宜过高，避免因车厢拥挤导致增加乘客安全风险以及降低乘降效率，建议运营管理单位做好运能匹配。全自动客流组织如图9-12所示。

图9-12　全自动客流组织

运营管理单位应充分重视全自动运行线路换乘站客运组织。由于全自动运行线路故障场景、应急场景下行车组织复杂，故障应急处置时间长，故障影响传播范围广，在全自动运行线路故障情况下，换乘站客运组织将是一大挑战，特别是大客流换乘站。运营管理单位应未雨绸缪、精心准备，制定各种故障、应急场景下的客运组织方案，并开展演练验证优化客运组织方案，做到关键时刻拿得出、用得上。

四、应急管理

因车站结构更加复杂，设备设施种类更多，以及客流控制难度更大，换乘站应急管理变得更加困难。制定应急预案时应充分考虑上述因素，给出针对性措施，明确突发事件发生在不同线路管理区域时各岗位的处置要点，明确处置主体，提高预案的可执行性及应急处置效果。换乘站各线路工作人员在应急管理上应作为一个整体，当突发事件对另一线路产生影响时应进行联合处置。

全自动运行线路涉及行车的设备与其他线路差异较大，涉及行车及行车设备的突发事件应急处置流程与其他线路的差异较大，换乘站应做好差异化培训，做好评估工作，评估合格后方能上岗。支援人员来源于非全自动线路时应尽量避开差异化设备操作，合理安排支援人员，提高车站突发事件处置能力。专项应急演练如图9-13所示

图9-13　专项应急演练

第四节　本章小结

随着城市轨道交通的快速发展及服务型社会的到来，城市轨道交通运营管理部门应高度重视客运服务质量的提升，在一定程度上，客运服务质量代表着企业的形象和服务水平，也很大程度上决定着客运市场的竞争力。运营管理单位始终要把客运服务管理工作作业运营管理工作的核心之一，研究提升客运服务质量的各项管理措施。

全自动运行线路的客运服务管理应高度契合全自动系统智能化特点，以差异化服务研究为抓手，对乘客调度、车上值守人员等岗位职责进行梳理。重新拟定服务标准，要充分利用并落实系统智能化功能需求对全自动运行线路的乘客服务提供技术支撑，同时要完善现场导向设置，进一步加强乘客引导，提升乘客满意度。针对线网运营模式下的换乘站管理，更要充分分析换乘站管理要求，全自动线路差异化股要求，确保线网各线路间客流交互高效、安全、舒适，全面展现运营管理单位的客运管理水平。

附录1

附表1 成都9号线场景列表

序号	一级场景	二级场景	三级场景
1	正常场景	运营准备	夜间施工确认注销
2			当日运行图确认并下发
3			运营前相关设备检查
4			列车唤醒
5			线路准备
6			列车上线
7		正线运行	列车进站
8			列车区间运行
9			列车停车
10			列车站台发车
11			列车折返
12			列车清客
13			运营调整
14			工况转换
15			末班车运行
16		运营结束	列车回库计划编制与下发
17			列车检修
18			列车清扫
19			列车休眠

续表

序号	一级场景	二级场景	三级场景
20	故障降级场景	段场运行	场段内调车
21			洗车作业
22		控制OCC整体故障	中央ATS完全故障
23			中央综合监控设备完全故障
24			中央通信设备完全故障
25		车辆故障	车辆设备故障
26			车门故障
27		信号故障	车载信号故障
28			轨旁信号故障
29		站台门故障	站台门无法正常开关
30			站门台关闭且锁闭接口电路故障
31			站台安全探测系统故障
32		供电故障	接触网失电
33			供电设备故障
34		综合监控故障	车站综合监控设备故障
35			综合监控骨干通信网络发生网络风暴
36		通信故障	无线集群调度通信设备故障
37			车地无线通道故障
38	应急场景	乘客相关应急	乘客紧急对讲

续表

序号	一级场景	二级场景	三级场景
39	应急场景		车门紧急解锁装置触发（含乘客进入轨行区流程）
40			列车灭火器被取出
41			车辆逃生门盖板打开或手柄激活
42			站台紧急按钮激活
43			车门或站台门(或间隙)夹人夹物
44		轨行区相关应急	轨行区障碍物检测
45			运营期轨行区抢修施工
46			人员非法进入轨行区
47			弓网冲突（接触网异物）
48			控制OCC/备用控制OCC紧急疏散
49		火灾	列车火灾
50			车站火灾
51			区间火灾
52		水患	车站水患
53			区间水患
54			防淹门超高水位报警
55			轨面湿滑
56		疏散	一般疏散
57			紧急疏散

续表

序号	一级场景	二级场景	三级场景
58			区间异常停车
59		列车脱轨	正线脱轨
60			场段脱轨
61		列车冲突	正线冲突
62			场段冲突
63		列车救援	场段内列车救援
64			正线列车救援
65			列车反方向运行
66		恐怖活动	车站恐怖活动
67			列车恐怖活动
68			其他灾害场景

附录2

附表2　成都9号线联调科目

类别	科　目	测试内容	负责实施组
核心系统联调	科目1：信号系统联调	信号安全防护功能测试： 1．列车超速安全防护测试 2．列车追踪安全防护测试 3．列车退行安全防护测试 4．车站扣车和跳停测试 5．列车车门安全防护测试 6．车门站台门联动 7．站台门安全防护测试 8．站台紧急关闭按钮防护功能测试	行车组
		行车性能测试： 1．出入段能力测试 2．折返能力测试 3．追踪能力验证	行车组
		FAO功能测试： 1．全自动运行授权 2．CAM模式运行测试 3．远程重启车载设备 4．远程RM模式检验 5．列车自动对标和跳跃功能检验 6．站台门、车门对位隔离检验 7．PSL和IBP盘开关门联动按钮功能检验 8．列车清客确认功能测试 9．全自动列车站前、站后折返测试 10．SPKS防护开关功能测试	行车组

续表

类别	科目	测试内容	负责实施组
核心系统联调	科目2：车辆系统联调	1．列车超速测试 2．车辆应急功能测试 3．车门紧急解锁防护检验 4．车门故障隔离 5．车门障碍物探测 6．控制中心远程监视及远程控制功能测试 7．轮轨关系 8．弓网关系	行车组
	科目3：通信系统联调	1．对时系统接口联调 2．换乘站互联互通联调 3．CCTV、PIS、PA、无线列调等联动控制	行车组
	科目4：综合监控系统联调	车站设备联调： 1．消防联动测试 2．消防水系统功能测试 3．综合后备盘功能测试（隧道火灾、排烟风机、一键开关站、SPKS防护功能等） 4．400V低压自投自复测试 5．机电设备点控抽测 6．站台火灾联动测试 区间设备联调： 1．区间隧道通风系统 2．TFDS系统 3．FAS系统联调 4．区间防淹门系统联调 5．区间人防门系统联调	车站组
	科目5：站台门系统联调	1．乘客保护功能测试 2．站台门安全防护测试	车站组

续表

类别	科 目	测试内容	负责实施组
核心系统联调	科目6：直流牵引供电系统负荷能力测试	1．双边供电多列电客车同时启动能力测试 2．单边供电重车测试 3．大双边供电多列电客车同时启动能力测试 4．单边供电多列电客车同时启动能力测试	供电组
	科目7：牵引供电单边、大双边、大单边及正线支援场段供电方式能力测试	单边、大双边、大单边供电方式能力测试、正线支援场段供电	供电组
	科目8：单主所退出运行环网联络供电及大负荷能力测试	主所、开闭所退出运行测试	供电组
	科目9：核心系统冗余能力测试	1．主备控制中心信号、通信、综合监控系统冗余能力测试 2．主备控制中心一键切换功能测试	行车组
	科目10：多方接口联调	1．控制中心对列车下发广播功能测试 2．控制中心对列车PIS下发文本功能测试 3．车辆实时、故障信息上传测试 4．列车视频监控测试 5．列车区间事故工况测试 6．车门与站台门联动测试 7．站台紧急关闭按钮联动防护测试	行车组

续表

类别	科 目	测试内容	负责实施组
全自动运行场景联调	科目11：正常运营场景联调	1．早间上电场景联动测试 2．唤醒场景联动测试 3．出库场景联动测试 4．轧道车运营场景联动测试 5．进入正线服务场景联动测试 6．进站停车场景联动测试 7．站台发车场景联动测试 8．折返换端场景联动测试 9．清客场景联动测试 10．停止正线服务场景联动测试 11．回库场景联动测试 12．清扫场景联动测试 13．休眠场景联动测试 14．洗车场景联动测试 15．自动调车联动测试 16．工况转换场景联动测试	行车组
	科目12：故障及应急场景联调	1．故障复位联动测试 2．紧急制动缓解联动测试 3．区间疏散联动测试 4．紧急操作装置联动测试 5．紧急呼叫联动测试 6．远程紧急制动联动测试 7．车辆火灾联动测试 8．列车驾驶模式转换联动测试 9．列车蠕动模式联动测试 10．车上设备工作状态远程监测测试 11．车门故障隔离站台门联动测试 12．站台门故障隔离车门联动测试\	行车组

续表

类别	科目	测试内容	负责实施组
全自动运行场景联调	科目12：故障及应急场景联调	13．车门状态丢失联动测试 14．雨雪模式联动测试 15．车辆制动系统故障联动测试 16．救援场景联动测试日检与维修场景联动测试 17．列车远程广播功能联动测试	行车组
全自动运行场景联调	科目12：故障及应急场景联调	1．车站火灾场景功能联动测试 2．障碍物/脱轨检测功能联动测试 3．远程控制功能联动测试 4．跳停场景功能联动测试 5．扣车场景功能联动测试 6．全自动运行限制模式联动测试 7．站台门状态丢失场景功能联动测试 8．端部疏散门状态激活场景功能联动测试 9．主备控制中心切换场景功能联动测试	行车组
全自动运行系统稳定性测试	科目12：稳定性测试	1．休眠唤醒成功率 2．FAM模式兑现率 3．对位隔离成功率 4．FAM模式停车精度 5．站台门/车门联动成功率 6．洗车机联动成功率等 7．运行图兑现率 8．列车运行正点率	行车组

参考文献

[1] 何方,赵梦瑶. 全自动列车运行对城轨交通行业组织机构及岗位设置的新要求 基于成都地铁全自动驾驶线路运营经验[J]. 城市轨道交通,2021(12):20-21.

[2] 陆鹏. 城市轨道交通全自动运行系统岗位设置的优化[J]. 城市轨道交通研究,2019,22(S2):46-48+53.

[3] 张在龙. 北京通道换乘式地铁站运营管理分析[J]. 交通企业管理,2016,31(08):62-65.

[4] 郭召芬,王军. 通道换乘式地铁站运营管理分析[J]. 智能城市,2019,5(04):71-72.

[5] 包峰,侯忠伟. 城市轨道交通全自动运行系统运营场景分析[J]. 信息技术与信息化,2018(05):189-191.

[6] 施挺. 上海城市轨道交通全自动运行系统运营场景研究[J]. 城市轨道交通研究,2020,23(S2):160-163.

[7] 洪海珠. 基于关键运营场景的城市轨道交通全自动运行系统全生命周期闭环管理[J]. 城市轨道交通研究,2020,23(S2):4-6.

[8] 杨志慧,楚彭子,王潇骁,虞翊. 城市轨道交通全自动一体化智能运行系统研究[J]. 铁道通信信号,2020,56(04):73-77.

[9] 汪小勇. 城市轨道交通全自动运行系统的现状及展望[J]. 城市轨道交通,2019(02):20-21.

[10] 谢正媛,李月. 城市轨道交通全自动运行系统应用研究[J]. 数字技术与应用,2018,36(02):53-54.

[11] 郜春海,王伟,李凯,贾庆东. 全自动运行系统发展趋势及建议[J]. 都市快轨交通,2018,31(01):51-57.

［12］ 尹聪聪. 城市轨道交通全自动运行线路运营管理模式分析［J］. 城市轨道交通研究，2019，22（S2）：19-23.

［13］ 焦莹. 交通运输部发布《城市轨道交通客运组织与服务管理办法》［J］. 城市轨道交通研究，2019，22（11）：112.

［14］ 于淼，戚端骏. 上海轨道交通浦江线全自动运行模式优劣势分析及应对措施［J］. 城市轨道交通研究，2019，22（S2）：62-64.

［15］ 夏凡. 城市轨道交通换乘站客流特征与组织方法研究［D］. 成都：西南交通大学，2020.

［16］ 陈垚，柏赟，冯旭杰，李竹君. 基于换乘站停站时间延长的城市轨道交通末班车时刻表优化［J］. 交通运输系统工程与信息，2017，17（06）：228-234.

［17］ 罗佳. 城市轨道交通换乘站点客流敏感性分析［D］. 成都：西南交通大学，2014.

［18］ 黄冬生. 城市轨道交通高技能人才培训思路与对策［J］. 城市轨道交通研究，2022，25（04）：12-13.

［19］ 徐效勇. 城市轨道交通行业员工培训体系探讨［J］. 人才资源开发，2019（04）：91-92.

［20］ 刘述芳. 城市轨道交通新员工培训体系［J］. 科技与创新，2017（20）：106+109.

［21］ 常淼. 城市轨道交通运营企业员工培训的理论和实践研究［D］. 成都：西南交通大学，2014.

［22］ 苏娇. 我国城市轨道交通突发事件应急管理研究［D］. 西安：长安大学，2015.

［23］ 李涛. 浅谈轨道交通行业人员培训的管理与实施［A］. 中国城市科学研究会数字城市专业委员会轨道交通学组、天津轨道交通集团有限公司、中城科数（北京）智慧城市规划设计研究中心. 第四届全国智

慧城市与轨道交通学术会议暨轨道交通学组年会论文集［C］．中国城市科学研究会数字城市专业委员会轨道交通学组、天津轨道交通集团有限公司、中城科数（北京）智慧城市规划设计研究中心：中城科数（北京）智慧城市规划设计研究中心，2017：3.

［24］赵宇刚．考虑服务水平的城市轨道交通换乘问题研究［D］．北京：北京交通大学，2011.

［25］矫丽丽．城市轨道交通客运服务质量测评与优化研究［D］．南京：南京理工大学，2013.

［26］贾巨龙．城市轨道交通客运组织优化研究［D］．天津：天津工业大学，2019.

［27］彭其渊，段力伟，文超，余晓珂．突发大客流对轨道交通换乘站服务水平和列车运行影响分析［J］．城市轨道交通研究，2014，17（02）：46-49. DOI：10. 16037/j. 1007-869x. 2014. 02. 013.

［28］王芳玲．不同行车间隔匹配对城市轨道交通换乘站站台服务水平的影响研究［D］．北京：北京交通大学，2013.

［29］唐晓勇，黄凤至，王昕，袁新村，桂笛，陶艳兵．城市轨道交通客流导向标识系统研究［J］．工程建设与设计，2021（20）：45-47.

［30］赵文翰，蒲琪，樊茜琪，李晓龙．城市轨道交通运营管理评价指标体系研究［J］．城市轨道交通研究，2018，21（03）：52-55.

［31］高麒，王子伟．城市轨道交通全自动运行线路乘务派班方案优化设计［J］．城市轨道交通研究，2019,

［32］葛文静．城市轨道交通全自动运行线路调度指挥体系研究［J］．城市轨道交通研究，2019,

［33］裴廷福，庞彦知．基于全自动无人驾驶系统的城市轨道交通人才培养模式改革［J］．现代职业教育，2019.

［34］贾玉芬．城市轨道交通全自动运行线路行车组织研究［J］．中国设

备工程，2019.

[35] 梁紫玥. 城市轨道交通全自动运行线路行车组织研究[J]. 现代城市轨道交通，2019（02）：65-69.

[36] 谭文举，杨卫峰，廖云，周开成. 城市轨道交通全自动运行系统设计及场景分析[J]. 机车电传动，2019.

[37] 雷韬. 城市轨道交通全自动驾驶技术发展综述[J]. 发明与创新（职业教育），2019.

[38] 路向阳，李雷，雷成健，等. 城市轨道交通全自动驾驶技术发展综述[J]. 机车电传动，2018（1）：6.

[39] 沈英杰. 城市轨道交通全自动线路车辆基地行车组织分析[J]. 郑州铁路职业技术学院学报，2022.

[40] 林静. 城市轨道交通全自动运行运营场景研究[J]. 电子技术与软件工程，2021.

[41] 徐德培，史时喜，杨子亮. 城市轨道交通全自动驾驶车辆基地创新研究[J]. 城市轨道交通研究，2021.

[42] 尹聪聪. 城市轨道交通全自动运行线路的运营方式及运营指标要求[J]. 城市轨道交通研究，2021.

[43] 邰春海. 城市轨道交通自主化全自动运行系统技术研究[J]. 铁道通信信号，2019.

[44] 顾涌益. 城市轨道交通全自动车辆段布局影响因素思考[J]. 城市建设理论研究（电子版），2019.

[45] 李盼盼，郎诚廉. 城市轨道交通全自动运行线路调度系统的仿真研究[J]. 铁路计算机应用，2021，30（06）：74-78.

[46] 秦哲. 全自动城市轨道交通系统的优势和实践[J]. 电力机车与城轨车辆，2006.

[47] 王曰凡. 全自动无人驾驶系统——全新理念的城市轨道交通模式

[J]．城市轨道交通研究，2006．

[48] 任安萍．浅谈我国全自动无人驾驶地铁的发展[J]．科技视界，2012．

[49] 张增勇．城市轨道交通乘务计划编制方法研究[D]．北京：北京交通大学，2014．

[50] 李涛．基于耗散结构的城市轨道交通司机胜任素质熵变机理与应用研究[D]．北京：北京交通大学，2015．

[51] 李伟．城市轨道交通电客车司机的岗位能力分析[J]．交通建设与管理，2015．

[52] 魏福祥．城市轨道交通乘务组织的优化与运用[J]．河北企业，2016．

[53] 苏韬．城市轨道交通乘务组织的优化与运用[J]．智能城市，2018．

[54] 鞠昕，张艳兵．从行车组织角度探讨轨道交通全自动运行线路设计[J]．都市快轨交通，2019．

[55] 丁智国．轨道交通地方立法及制度建设探究[J]．法制与经济，2018（09）：64-66．

[56] 易利英．完善安全管理体系，加强地铁新线安全管理[J]．民营科技，2018（07）：167．

[57] 李晶．国有企业规章制度体系建设研究分析[J]．商业文化，2021（09）：15-17．

[58] 邵伟中，王伟雯，马伟杰，汪小勇，余海滨，陈绍文，杨涛，费薄俊，包天刚，梁贺程，陈文博．面向大客流的全自动线路运营组织及维护保障关键技术研究与应用[Z]．国家科技成果．上海市，上海申通地铁集团有限公司，2020-11-11．

[59] 孙玉明，贾永刚，田雷．我国铁路运输技术规章管理机制优化研究[J]．铁道运输与经济，2020，42（11）：44-50．

[60] 贾永刚. 铁路技术规章体系构建理论研究［J］. 铁道运输与经济, 2018, 40（06）: 101-106.

[61] 谢於男. 浅议新地铁技术规章编制［J］. 智能城市, 2016, 2（06）: 47-48.

[62] 陈梅, 程涛. 建立西安地铁运营规章制度体系的思考［J］. 科技创新导报, 2010（06）: 211.

[63] 苏建伦. 浅析城市轨道交通运营新线筹备组织管理［J］. 科技风, 2016（13）: 106-107.

[64] 刘保才. 浅谈技术规章的管理如何适应现场需要［J］. 中小企业管理与科技（中旬刊）, 2016（04）: 20-21.

[65] 薛坤斌. 加强铁路局技术规章管理问题的探讨［J］. 上海铁道科技, 2010（02）: 21-22+3.

[66] 姚公槩. 谈技术规章建设工作［J］. 铁道标准化, 1995（03）: 17-20.

[67] 韩富强. 基于全流程的铁路技术规章协同管理机制研究［D］. 北京: 北京交通大学, 2021.

[68] 姚依克. 成都地铁全自动运行线路应急管理体系研究［D］. 成都: 西南交通大学, 2020.

[69] 张佳慧. 城市轨道交通行业电客车检修制度研究［J］. 城市建设理论研究（电子版）, 2018（22）: 89.

[70] GB/T 38707-2020, 城市轨道交通运营技术规范［S］.

[71] 李冰, 蔡鹏飞, 谈逸文, 朱杰. 从运营角度谈城市轨道交通全自动运行系统设计和建设中的关键问题［J］. 城市轨道交通研究, 2022, 25（04）: 87-90.

[72] 张明. 全自动运行地铁车辆基地工艺设计研究［J］. 现代城市轨道交通, 2018（05）: 42-44.

［73］ 周永，肖衍. 轨道交通全自动运行车辆基地功能需求探讨［J］. 铁路技术创新，2016（06）：72-75.

［74］ 肖衍，苏立勇. 轨道交通全自动驾驶系统集成技术研究［J］. 中国铁路，2015（05）：109-113.

［75］ 刘净，陈燕. 城市轨道交通信号系统新技术探讨［J］. 科技资讯，2020，18（25）：21-22+25.

［76］ 莫志刚，骆汉宾. 地铁工程运营期全自动驾驶维护［J］. 土木工程与管理学报，2018，35（03）：129-134.

［77］ 邝永松. 信号系统列车自动监控故障降级行车组织分析［J］. 城市轨道交通研究，2016，19（10）：126-129.

［78］ 谭文举. 轨道交通全自动运行条件下运营场景设计及智能运维研究［D］. 北京：北京交通大学，2020.

［79］ 闫宏伟，燕飞. 城市轨道交通全自动运行系统及安全需求［J］. 都市快轨交通，2017，30（03）：50-55+87.

［80］ 郑生全. UTO建设模式探讨［C］//. 2017中国城市轨道交通关键技术论坛暨第26届地铁学术交流会论文集，2017：310-314.

［81］ 李福民，宗传苓，高龙. 城市轨道交通规划建设需要探讨的几个问题［C］//. 交通治理与空间重塑——2020年中国城市交通规划年会论文集.，2020：856-865.

［82］ 刘海云. 全自动驾驶对南京地铁运营管理的影响与对策研究［J］. 科技资讯，2022，20（03）：132-135.

［83］ 王亮，何理，刘洋，贺凤珂. 新建地铁运营单位双重预防体系搭建研究［J］. 中国安全生产科学技术，2021，17（S2）：140-144.

［84］ 刘涛. 地铁全自动运行线路信号系统RAMS指标分析［J］. 城市轨道交通研究，2020，23（09）：47-50.

［85］ 莫志刚. 基于RAMS的地铁信号系统运营维护管理研究［D］. 武

汉：华中科技大学，2018.

［86］ 温朋哲，徐道亮，高士杰，李祥涛. 城市轨道交通全自动运营场景及功能需求分析［J］. 机车电传动，2020（03）：132-136.

［87］ 包天刚，宗国. 城市轨道交通全自动运行系统封闭运行环境的安全风险研究［J］. 城市轨道交通研究，2019，22（S2）：24-26+30.

［88］ 蓝亮文，李景虎. 城市轨道交通全自动运行系统运营参与建设的思考［J］. 隧道与轨道交通，2021（S1）：88-90.

［89］ 梁贺程. 上海轨道交通10号线全自动运行系统运营安全及技术评估［J］. 城市轨道交通研究，2019，22（S2）：54-56.

［90］ 周晶晶，金华，钱文海. 城市轨道交通应急预案系统设计与实现［J］. 电子技术与软件工程，2022（03）：174-177.

［91］ 施亦进. 城市轨道交通综合联调工作要点［J］. 城市轨道交通研究，2017，20（06）：145-148.

［92］ 董朦朦. 城市轨道交通设备综合联调现场组织与技术研究［J］. 中国设备工程，2020（24）：206-208.

［93］ 景龙刚. 全自动运行系统全生命周期安全风险管理［J］. 铁道通信信号，2019，55（04）：81-84.

［94］ 刘俊发，李海川. 城市轨道交通设备联调联试与安全评估管理的探讨［J］. 设备监理，2020（01）：27-29.

［95］ 成炎，刘国帅. 城轨交通初期运营前系统功能核验及联动测试实践与思考［J］. 现代城市轨道交通，2021（11）：22-25.

［96］ 戴夔飞，张郁，吴敏. 信号系统健康管理主动维保技术的研究及应用［J］. 城市轨道交通研究，2021，24（11）：32-36.

［97］ 李苏雯，王浩. 全自动无人驾驶模式下对通信系统的需求分析［J］. 铁路计算机应用，2015（7）：57.

［98］ 中国城市轨道交通协会. 城市轨道交通全自动运行规范第6部分：初

期运营基本条件：T/CAMET 04017.6—2019［S］. 北京：中国铁道出版社，2019：4.

［99］ 李伟. 上海地铁10号线全自动驾驶运营管理模式分析［J］. 经贸实践，2018（12）：254.

［100］ 丁建中. 从城市轨道交通无人驾驶系统的特点谈运营管理模式的创新［J］. 上海电气技术，2010（3）：48.

［101］ 上海市交通运输行业协会. 城市轨道交通全自动运行线路初期运营前安全评估技术规范：T/SHJX 0019—2020［S］. 上海：上海市交通运输行业协会，2020：19.

［102］ 宁滨，郜春海，李开成，等. 中国城市轨道交通全自动运行系统技术及应用［J］. 北京交通大学学报（自然科学版），2019，43（1）：1.

［103］ IEC. Railway Applications-Automated Urban Guided Transport（AUGT）-Safety Requirements：IEC62267—2009［S］. Geneva：IEC，2009：11.

［104］ 中华人民共和国国家质量监督检验检总局，中国国家标准化管理委员会. 轨道交通自动化的城市轨道交通（AUGT）安全要求第1部分：总则：GB/T 32588.1—2016［S］. 北京：中国标准出版社，2016：2.

［105］ 中国城市轨道交通协会. 城市轨道交通全自动运行规范第1部分：需求：T/CAMET 04017.1—2019［S］. 北京：中国铁道出版社，2019：3.

［106］ 中华人民共和国交通运输部办公厅. 城市轨道交通初期运营前安全评估技术规范第1部分：地铁和轻轨：交办运［2019］17号［S］北京：中华人民共和国交通运输部办公厅，2019：5.

［107］ 中华人民共和国交通运输部办公厅. 城市轨道交通正式运营前安全评估规范第1部分：地铁和轻轨：交办运［2019］83号［S］. 北京：中

华人民共和国交通运输部办公厅，2019：3.

[108] 赵列远. 城市轨道交通弱电系统调试管理探讨[J]. 中国建设信息，2012（13）：100-101+103.

[109] 彭越，张俊，朱明言. 轨道交通综合监控项目的实施和管理[J]. 城市轨道交通研究，2013，16（04）：9-11.

[110] 蓝伟良，张杰，江诗铭. 浅谈综合监控系统与子系统间接口调试方法与技术[J]. 机电信息，2016（15）：105+108.

[111] 段皖秦. 地铁综合监控系统与BAS综合联调前期准备工作研究[J]. 机电信息，2015（18）：178+180.

[112] 沈卫平. 成都地铁2号线综合联调策划与实践[J]. 都市快轨交通，2013，26（02）：34-37.

[113] 周东北. 地铁设备系统总联调中的接口管理[J]. 现代城市轨道交通，2010（01）：55-57+1.

[114] 马能艺. 从列车无人到中央无人——关于轨道交通自动化发展的思考[J]. 现代城市轨道交通，2022，（03）：29-32.

[115] 孙永生，赵斌. 全自动运行线路清客和疏散场景分析[J]. 城市轨道交通研究，2022，25（01）：219-223.

[116] 王珍. 自动唤醒 智能运维[N]. 中国纪检监察报，2021-08-09（008）.

[117] 金健. 首条轨道交通全自动运行线路运营模式探讨[J]. 隧道与轨道交通，2021，（S1）：140-143.

[118] 苏志恒，陈璇. 全自动运行线路备用控制中心的配置与管理[J]. 城市轨道交通研究，2021，24（04）：112-114+117.

[119] 马能艺. 城市轨道交通全自动运行线路在无人值守模式下的应急处置[J]. 城市轨道交通研究，2021，24（04）：82-84.

[120] 刘文珍. 城市轨道交通全自动列车追踪运行控制优化研究[D]. 兰

州：兰州交通大学，2021．

［121］倪尉．全自动无人驾驶系统中多职能巡检人员安全防护方案［J］．铁道通信信号，2020，56（11）：89-91．

［122］中国城市轨道交通智慧城轨发展纲要［J］．城市轨道交通，2020，（04）：8-23．

［123］朱桐立．全自动运行系统下列车救援分析与决策［J］．现代信息科技，2020，4（04）：47-50+53．

［124］钱蔚，柴慧君，陈绍文．城市轨道交通全自动运行线路长大区间列车火灾处置联动方案［J］．城市轨道交通研究，2019，22（S2）：73-76．

［125］张琦，陈钧，巨轮．城市轨道交通全自动运行线路的乘务管理创新［J］．城市轨道交通研究，2019，22（S2）：6-8+12．

［126］王晓倩．城市轨道交通全自动运行线路运营控制中心管理模式创新［J］．城市轨道交通研究，2019，22（S2）：16-18．

［127］陆鹏．城市轨道交通全自动运行系统岗位设置的优化［J］．城市轨道交通研究，2019，22（S2）：46-48+53．

［128］王冬海，黄柒光．列车灵活编组在城市轨道交通全自动运行线路中的应用［J］．城市轨道交通研究，2019，22（S2）：102-105．

［129］张强，杨峰，张宝．列车智能障碍物检测系统在北京新机场线全自动运行中应用的研究［J］．铁道机车车辆，2019，39（06）：114-118．

［130］马雯，宋鹏飞．全自动驾驶轨道交通线路中人员防护的优化探讨［J］．隧道与轨道交通，2019，（S2）：235-238．

［131］高嵘华，郑泽熙．轨道交通全自动运行系统对CBTC功能需求的研究［J］．自动化与仪器仪表，2018，（09）：5-7+11．

［132］谢正媛．全自动运行列车火灾运营场景分析［J］．铁路技术创新，2018，（02）：70-74．